新版 雅俗文

化書系

樸初題

古人说，神形所遇是为梦，神凝者梦消，
故至人无梦。至人难求，
凡人的梦却丰富了凡人的生命。
人事有离合，梦境亦有悲欢。
蝴蝶触动了庄子的梦，
神女陪伴了楚王的梦，
宓妃刺痛了曹植的梦，
琵琶撩起了小山的梦，
风雨吹破了陆游的梦，
柳枝编织了临川的梦，
大雪埋葬了芹溪的梦，
狐仙温暖了书生的梦……
凡人皆有梦，又何须秉烛夜游？

梦文化

新版雅俗文化书系

过常宝 主编

贡方舟 著

·北京·

图书在版编目（CIP）数据

梦文化/过常宝主编．--北京：中国经济出版社，2013.1（2023.8 重印）
（新版“雅俗文化书系”）
ISBN 978-7-5136-1917-2

Ⅰ．①梦… Ⅱ．①过… Ⅲ．①梦-文化-中国-通俗读物 Ⅳ．①B845.1

中国版本图书馆 CIP 数据核字（2012）第 223346 号

策划编辑　崔姜薇
责任编辑　崔姜薇
责任审读　霍宏涛
责任印制　张江虹
封面设计　任燕飞装帧设计工作室

出版发行　中国经济出版社
印 刷 者　三河市同力彩印有限公司
经 销 者　各地新华书店
开　　本　880mm×1230mm　1/32
印　　张　7.25
字　　数　155 千字
版　　次　2022 年 1 月第 1 版
印　　次　2023 年 8 月第 2 次
定　　价　39.80 元
广告经营许可证　京西工商广字第 8179 号

中国经济出版社　**网址** www.economyph.com　**社址** 北京市东城区安定门外大街 58 号　**邮编** 100011
本版图书如存在印装质量问题，请与本社销售中心联系调换（联系电话：010-57512564）

编委页

序一　季羡林序

(第一版"雅俗文化书系"序)

在中国,在文化艺术,包括音乐、绘画、书法、舞蹈、歌唱等方面,甚至在衣、食、住、行,园林布置,居室装修,言谈举止,应对进退等方面,都有所谓雅俗之分。

什么叫"雅"?什么叫"俗"?大家一听就明白,但可惜的是,一问就糊涂。用简明扼要的语句,来说明二者的差别,还真不容易。我想借用当今国际上流行的模糊学的概念说,雅俗之间的界限是十分模糊的,往往是你中有我,我中有你,决非楚河汉界,畛域分明。

说雅说俗,好像隐含着一种评价。雅,好像是高一等的,所谓"阳春白雪"者就是。俗,好像是低一等的,所谓"下里巴人"者就是。然而高一等的"国中属而和者不过数十人",而低一等的"国中属而和者数千人"。究竟是谁高谁低呢？评价用什么来做标准呢？

目前，我国的文学界和艺术界正在起劲地张扬严肃文学和严肃音乐与歌唱，而对它们的对立面俗文学和流行音乐与歌唱则不免有点贬义。这种努力是未可厚非的，是有其意义的。俗文学和流行的音乐与歌唱中确实有一些内容不健康的东西。但是其中也确实有一些能对读者和听众提供美的享受的东西，不能一笔抹杀，一棍子打死。

我个人认为，不管是严肃的文学和音乐歌唱，还是俗文学和流行音乐与歌唱，所谓雅与俗都只是手段，而不是目的。其目的只能是：能在美的享受中，在潜移默化中，提高人们的精神境界，净化人们的心灵，健全人们的心理素质，促使人们向前看，向上看，向未来看，让人们热爱祖国，热爱社会主义，热爱人类，愿意为实现人类的大同之域的理想而尽上自己的力量。

我想，我们这一套书系的目的就是这样，故乐而为之序。

季羡林

1994年6月22日

序二 新版"雅俗文化书系"序

人的行为、意识、关系，人所面对的制度、风俗、物质等，都是文化。对于芸芸众生来说，文化与生俱来，人人都不能离开文化而生存。

古人说"物相杂，故曰文"(《周易·系辞下》)，又说"五色成文而不乱"(《礼记·乐记》)，所以，"文"就是多种色泽的搭配，它比自然状态有序而且更好看。圣人以此"化"人，就是要将人从蒙昧自然状态中改造过来，成为知廉耻、懂辞让、有礼仪的人。

现代人自我意识增强，就不这么看了。梁启超说："文化者，人类心能所开释出来之有价值的共业也。"(《什么是文化》)就是说，文化是人类集体内在的灵性和智慧之花，这些花朵被普遍认可，并且形成一道道风景：道德、艺术、政治形态等。

这两种说法都有道理:先知先觉的天才们,引领着文化的方向;而我们每一个人,也都参与了文化的创造和延续。如此,文化才成其为文化。

政治、经济、伦理、哲学、学术、文学、艺术等,与意识形态和价值有关,有着官方色彩,可以称之为主流文化。而以社会生活为中心,如家庭、行业、风俗、技艺、生活行为等,以及一部分游离在社会法律和制度之外的行为,如绿林、帮会、寺庙、赌博等,则可称之为非主流文化或次生文化。

由于今天的"非主流文化"有"反主流文化"的意思,为了避免歧义,我们也可以直接地将这一部分内容称为生活文化和世俗文化。

主流文化对社会的发展至关重要,是精英们的舞台,他们以及他们精美的创造,为我们的社会树立了目标和尺度。但是,与我们每个人生活相关的,却是生活文化和世俗文化。生老病死、衣食住行、百般生业、游观娱乐、江湖绿林、方士游医、沿街托钵、鸡鸣狗盗……正是这一切,构成了日常生活的文化图景。

本书系关注社会生活,关注这五光十色的世俗图景,并希望能够完整地将它们勾勒出来。我们相信,这一幅幅的生活情态、世俗图景,甚至比那些彩衣飘飘、粉墨登场的角儿、腕儿,更加真实,也更有风采。

以"雅俗文化"为名,是为了显示我们对趣味的偏爱,并以此来区分于主流文化典正的姿态和庄严的价值观。其实在生活中是无所谓雅和俗的，弹琴虽然需要更多的教养，赌博对有些人来说似乎天生就会，但作为技艺，两者真有高下的差别吗？何况庄子说一切都与道相通，什么都可以玩出境界来。古人不是常拿厨艺说政治，并且还真有好厨师成了政治家的例子吗？所谓“雅俗文化”，不过是遵从习惯的说法，并没有价值高下的意思。

日常生活及世俗图景都是文化，但文化毕竟具有建构性特点。换句话说，那些散乱的现象、意识、习惯等，只有被理解了，才具有意义，才能成为文化。我们编纂这套书系的目的，就是帮助人们理解日常生活和生活传统，从而能真正地从生活中体会到意义和趣味，增加人生的内涵。

我们期望编撰一套集知识性、趣味性甚至实用性为一体的文化丛书。它虽然不是学术著作，但就某一类别文化而言，应该有着系统的、可靠的知识，应该充分揭示出它的精神和境界，并融贯在对各种精彩文化现象的描述之中，使之真正贴近生活、提升生活，成为一道道能够颐养性情、雅俗共赏的精美的文化大餐。

过常宝

2011年3月

前言　梦开始的地方

唐代诗人李商隐写过一首流芳千古的七律《锦瑟》，诗中缠绵悱恻、清幽动人的意境堪称完美，全诗这样写道：

锦瑟无端五十弦，一弦一柱思华年。
庄生晓梦迷蝴蝶，望帝春心托杜鹃。
沧海月明珠有泪，蓝田日暖玉生烟。
此情可待成追忆，只是当时已惘然。

“庄生晓梦迷蝴蝶”，这几乎是中国古代文学史上最出名的一场梦，我们对中国梦文化的解读就从这场梦开始。

“昔者庄周梦为蝴蝶，栩栩然蝴蝶也。自喻适志与！不知周也。俄然觉，则蘧蘧然周也。不知周之梦为蝴蝶与，蝴蝶之梦为周与？周与蝴蝶，则必有分矣。此之谓物化。”

在《庄子·齐物论》中，战国最出色的哲学家之一庄子运用超乎寻常的想象力和浪漫的表现手法，讲述“我”在梦中幻化为蝴蝶、醒来后蝴蝶又复化为“我”的故事，阐释“物我同一”的哲学命题。“庄周梦蝶”这个典故拥有丰富的哲学内涵和奇妙的美学境界，还隐约流露出对“人生如梦”的宿命论的感慨，成为历代文人墨客笔下的“宠儿”。

晚唐时代，一个伟大而辉煌的王国行将就木。末路上，敏感细腻的诗人李商隐独自品尝着世事的无奈和生命的无常，戚戚然写下了“庄生晓梦迷蝴蝶，望帝春心托杜鹃”。原来，无论如何花团锦簇、魂牵梦萦，终不过一枕黄粱都付人间春梦。

古今中外，多少痴儿女品梦说梦，中国的《周公解梦》、西方的《梦的解析》都是鼎鼎大名的梦书。梦，亘古以来就是一个热门话题。

按照现代科学的解释，梦是睡眠中发生的具有周期性特征的一种异常精神状态。梦的内容通常是不可控的，其过程是一种被动的精神体验。一个典型的梦的叙述常常包含了幻觉、妄想、认知异常、情绪强化及记忆缺失等部分。

在奥地利精神病医生、精神分析学家、精神分析学派的创始人西格蒙德·弗洛伊德看来，“梦的本质是一种被压抑的、被压制的愿望被伪装起来的满足。也就是说，由于人的欲望在现实中得不到满足，便采取一种迂回的方式表现在梦中”。

而在瑞士心理学家、精神分析医师、分析心理学的创立者卡尔·古斯塔夫·荣格的眼中，梦起源于人类远古洪荒时代，梦是幻想的、形象的、比喻性的自我内省，它看似华美却缺乏逻辑性，一如原始人和儿童的思维方式。梦还具有补偿调节作用，它的预示能力像书写文章时的草稿一样，能鼓动做梦者的希望与精神能量。

回到中国传统中来，梦文化从诞生之初就有极强的民族性和归属感。上古三代，占梦习俗席卷统治阶层；汉代以后，宗教的梦、政治的梦、两性的梦、生死祸福的梦、文学的梦、艺术的梦一点点渗透到社会的各个阶层，影响了中国人生活的方方面面。

“世事一场大梦，人生几度秋凉”，北宋文豪苏轼将庄子和李商隐含蓄隐晦地念叨着的“人生如梦”大声疾呼出来。从此，中国梦文化走向了更加深邃的境界。诗人、词人，甚至是俗人，各个都在梦中纠缠，可怜“沉酣一梦终须醒”，梦不过生命之幻象，叹那生命本身又何尝不是眼前幻境而已！

《红楼梦》中有一首二十字诗，品梦品得透彻：“说到辛酸处，荒唐愈可悲。由来同一梦，休笑世人痴。”《金刚经》中也有一首四句偈语，看梦看得分明：“一切有为法，如梦幻泡影。如露亦如电，应作如是观。”

“幽幽三更梦魂中，彩笔绘得凌波影。可叹熊罴飞天去，一朝匆匆大梦醒。”中国古代梦文化体系庞杂、包罗万象，要想全面铺陈，非本书能力所及。故将撷取其中精髓，着重介绍具有中国特色的“占梦文化”，以及梦文化与中国古代政治、文化、社会生活等方方面面所碰撞出的绚烂火花。期待本书能够引领读者进入那浩瀚梦海，细细品读这三千年文明幻化而来的古典梦文化。

目录

第一章

鸿蒙初开
——梦文化的源起

第一节 大象无形
——梦与梦文化

“无需怀梦草，便可梦佳人”，梦是一种普遍而神秘的生理和心理现象。现代科学认为，人脑中的脑干部分在睡眠状态下会不断发出讯号，这些讯号使人感应到影像与声音，从而形成梦体验。当这种体验在群体中实现交流并引发思考时，梦文化就产生了。从梦体验到梦文化，普遍性与神秘性在交流的过程中得到了加强，成为梦文化最显著的特征。

◎ 大象无形篆刻图

众人皆梦——梦的普遍性

什么是梦的普遍性？回答这个问题之前，我们先来看一个谜语，谜面是：“你能做，我能做，大家都能做；一个人能做，两个人不能一起做”，很明显谜底应该是梦，这个谜语就说明了梦的普遍性。

根据生活经验，我们知道，绝大多数的人都能做梦。神经心理学家告诉我们，即使脑干受损的病人仍然可以做梦，只有脑部顶叶受损后才可能无法做梦。而在古人眼中，"无梦"是一种极致境界。《庄子》中提到只有所谓"真人"才能"其寝不梦，其觉无忧"，因为真人能顺应天道自然，达到"无梦无忧"的状态。

金圣叹在评点《西厢记》时将"无梦"的情形扩展为两种——"至人无梦"和"愚人无梦"。"至人无梦，无非梦也，同在梦中而随梦自然"，这里的"至人"很像《庄子》中的"真人"，他们清醒时和睡眠时一样的无忧自在，自然谈不上做梦；"愚人无梦，非无梦也，实在梦中而不以为梦"，愚人不是不做梦，而是无法识别梦，身在梦中而不自知。

对于大多数大脑健康的人来说，既难以达到至人"寤寐一如"的境界，又实在比愚人聪明那么一点点，做不到"蕉鹿自欺"，所以我们自然会经常坠入"颠倒梦境"，被那些瑰丽诡谲的梦体验所困扰。

"心卧则梦"，科学家相信，人每晚都会做很多个梦。然而，我们往往只会记得一个梦，甚至觉得自己没有做过梦。这是因为每一个梦的记忆都会在下个梦开始前被抹去。古代占梦中有一种说法叫"梦有始终而觉佚其者"，形容的就是人对梦记忆的遗忘。人做梦的频率非常高，据统计，每个人每年仅仅是噩梦就要做 300 到 1000 次，丰富的梦资源促成了梦文化的形成与发展。

除了做梦人群之广、做梦频率之高，梦的普遍性还体现在梦的主题和内容上。中国有句古话说，"南人不梦马，北人不梦船"，讲的是做梦的基本材料都来自日常生活中的情景和体验。西方学者认为，梦是潜意识作用的结果，一些已经忘记的体验和被压抑的冲动都能引发梦。基于集体潜意识的理论，人类的梦往往拥有同样的原型意象。也就是说，在自然环境和社会环境相近的情况下，大部分梦的主题和内容都会具有一定的相似性。

这就好比说，每个人都在独立地烹调食物，但由于运用了相似的食材和烹饪手法，难免会做出外观和口味都相近的菜肴。同样的事情还会出现在电视屏幕上，我们看惯了雷同的布景、相似的剧情，甚至同一个演员。考虑到做梦的人数和频率，要梦到与众不同的东西真的很难，所以梦中的所见所闻和情感体验往往是相通甚至相同的。

总的说，梦的普遍性在传播和交流的过程中会带给我们这样的感受：每一个做梦者都是在分享一种属于全人类的伟大资源，也是在窥探一个横亘于自我与现实间的庞然大物。大象无形，气象万千，普遍性也正是梦文化的第一个特征。

盲人摸象——梦的神秘性

小时候，我们学过一个成语叫“盲人摸象”，这个成语的出处是佛教《大般涅盘经》，故事内容如下所述。

◎ 盲人摸象

在远古时，有一个聪明的国王叫“镜面”，在他的国家中只有他一人信奉佛法，他的臣民们相信的都是些旁门左道。有一天，国王要求臣子将国境内所有生下来就瞎了眼睛的人找到宫里来，然后牵出一头大象让这群盲人摸，臣民都不明白国王的用意，于是纷纷来围观。

只听国王问这些盲人说："你们觉得象是什么样子的呢？"

摸着象脚的盲人便说："象长得好像漆桶一样。"

摸着象尾的说："不对，它长得像扫帚！"

摸着象腹的说："你们都错了！它长得像鼓呀！"

摸着象背的说："怎么可能？它明明就像一个高高的茶几！"

……

每个盲人各执一词、争论不休，这时镜面王就说了："盲人呀，盲人！你们又何必争论呢？你们没有人看到象的全身，却都以为自己看到了呀！这就好比没有听过佛法的人，自以为获得了真理一样呀！"

出现"盲人摸象"这种情况，至少有两大原因：一是客观原因，大象体积过于庞大，仅仅靠触摸无法掌握大象的整体形态；二是主观原因，摸象的是盲人，不仅无法观察大象，也难以靠摸索出的结果来拼凑大象的全貌。

人们对梦的探索，很像盲人摸象。客观上讲，从人类可以识别梦的那天起，梦就成了最有诱惑力的谜题。梦的起因、梦的含义、梦与现实的关系，每个问题都足以使人们绞尽脑汁地寻找答案。此外，梦还会和文化环境中的宗教信仰、语言符号等结合在一起，形成不拘一格、包罗万象的梦文化，这样的"庞然大物"实在令人难以把握其全貌。

主观上讲，科学的不断发展让人们有机会更清晰地认识梦，然而时至今日，我们仍然无法搞清梦的全部奥秘。在探索梦的过程中，人们仍然"视物不清"，只能在朦胧间试验推测。于是，在人们眼中，梦与梦文化从诞生之日起就带着一层神秘的面纱。

梦的神秘性首先体现在它与睡眠的关系上。中国古代最早的梦字出现在甲骨文中，是个左右结构的字，右边一张有支架的床，左上方一只大眼睛，然后是手指和手臂，下方是人的身体。整个字的含义是人躺在床上睡觉的过程中目有所见。这个字形说明，先民们很早就已经发现了梦与睡眠之间的密切联系。

◎ 甲骨文“梦”字

睡眠因其近乎死亡状态的封闭性而充满神秘感。在这种封闭状态下，人的肉体失去了行动能力。某些文明认为，睡眠状态下的人体失去了束缚精神的能力，“魂”在此时得到了解放、接管身体的部分主动权，甚至可以暂时性地离开身体。神秘的睡眠带来了神秘的梦。

梦是谁的，是做梦者的吗？准确地说，不是！梦的所有权很神秘。人做梦的过程通常是被动的，我们的意识不能支配自己的梦，梦的发生是这样，结局也是这样。做梦者并不是梦的导演，他只提供素材、演员和场地，但拿不到剧本、不操控镜头，不知道要不要亲自上阵，甚至连何时开拍、何时上映都没有头绪。这种情况下，梦的“所有权”就出了问题，梦归属于我，但又不是我设计制造的。

在中国，我们一般会说“我做了一个梦”，“我做过一个梦”，或者“我有一个想法”，而不会说“我有一个梦”。梦与想法不同，不具备“本人制造”的标签，这说明了中国文化对梦的一种认识。梦不归做梦者所有，它可能来自神明的某种安排，或者是祖先要向我们传达某种信息，抑或是我们的灵魂在神游过程中看到的景象。总之,梦来自他方,只有在经过做梦的过程后,才归我所有,我才能对它行使处置权。梦就好像是远方传来的一阵信号,正因为不是自己原装的,所以可能读不懂。于是山不是山,水不是水,喜悲亦然不同。

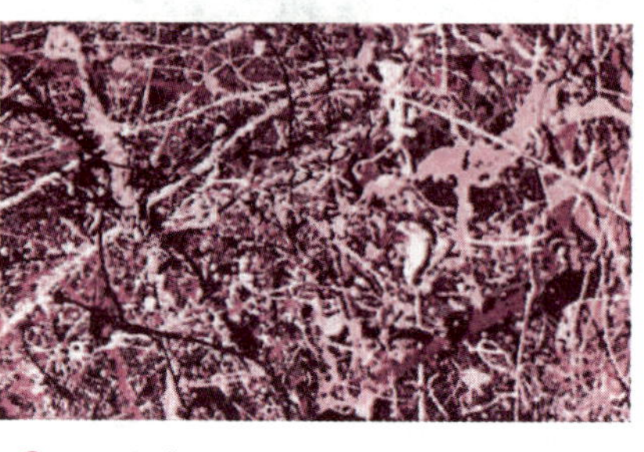
◎ 波洛克《1948年作品第五号》

在西方,梦被比喻为“原始人的来信”,是人的潜意识传递给意识的信息,潜意识就是原始人、意识就是现代人。与中国人相同,西方人也认为无法凭借日常逻辑来解释梦;有所不同的是,他们认为梦并不是从远方来的,而是诞生于人脑中的另一个部分。由于梦的创作者是“原始人”,他不会使用清晰易懂的语言,只能采用诸如象征的方式来表达自己的意思。“现代人”面对这样的信息时,就如同被赠予了一幅抽象画,他们会兴致盎然地和客人探讨画作的含义,亦如我们热衷于对自身梦境的解读。

神秘的所有权使得做梦者在交流梦体验时,可以将个人意识与梦境割裂开来,他们可以表明自己并不理解梦的含义,也可以不认同梦中的言行。这样,做梦时的被动在交流中得到了补偿,做梦者就创造出了一段“虚假”的梦境。只要强调抽象画是别人送的,画的主人就可以毫无顾忌地与客人评价这个礼物,画的内容和水准看上去与主人毫无关系。但实际上,这幅画恰恰有可能正是主人信笔涂鸦之作,只是他将作者假托他人罢了。同样,讲述梦的人也完全可以借说梦的机会将自己的本义阐释出来,许多文学作品正是这样用梦做借口,创作出了一段段如真似幻的故事。《红楼梦》这部作品的名字出自小说第五回中贾宝玉梦游太虚幻境时听到的一套曲子的名称，作者曹雪芹曾在小说开头写下“满纸荒唐言，一把辛酸泪”，小说几次易稿，最终定名“红楼梦”，就是希望依托“梦”这样的概念，更自由地创造人物、表达感情。

还有另外一种可能，画主人本身就是抽象派绘画的行家，他费尽心思，把明确的目的通过抽象派的手法隐含在画作背后，有意使他人可以窥见真意。侏儒梦灶就是这样一个例子。

相传卫灵公时期弥子瑕得宠，他联合宦官雍疽欺上瞒下，使忠臣在野、国事大乱。灵公身边有个侏儒艺人很看不惯这件事，就巧妙地对灵公说：“昔日臣梦见君。”

◎ 卫灵公像

灵公就问他：“你都梦见什么了？”

艺人回答：“我梦见灶君了！”

灵公听罢大怒，说：“胡说八道！我听说梦见太阳是梦见了人君，如今你梦见灶君却说梦见我，真是岂有此理！你给我解释清楚！”

艺人不慌不忙地说：“太阳普照大地，任何东西都遮蔽不了；可灶就不同了，它虽然也释放热量，而一旦有人在灶台旁遮住了火，后面的人就感受不到热量了。我现在很怀疑，有人也像在灶台遮火一样蒙蔽了国君您呀！”

灵公听罢，马上明白了他的意思，罢黜弥雍二人，重新任用经国之才，卫国得以大治。

这个故事里，侏儒艺人为达到自己的目的，编造出一段梦境，利用解梦的一般规律，委婉地启发了受到蒙蔽的君主。

梦神秘的所有权使得梦境在传播过程中出现了“失真”的现象，这加大了人们研究梦的难度，也加强了梦文化的神秘特性。

梦境图腾——什么是梦文化

梦境是真实与虚幻的统一。一方面梦中的场景可以如日常生活一般普通，另一方面梦中也会出现一些奇怪的景象。比如在生活中谁也没有见过鬼，可它却会不时地出现在人们的梦境中，东汉王延寿描写梦中所见的鬼物“**有蛇头而四角，鱼首而鸟身，或三足而六眼，或龙形而似人**”，乍看之下此物阴森恐怖，似非人间所有，可仔细一读，也无非是常见之物的拼接罢了。

人类学家告诉我们，原始人认为梦中所见与白天所见同样都是真实的；儿童心理学家也说，年幼的儿童无法分辨梦境与现实。处在现代文明中的成年人，只要身心健康，分清梦与现实好像不成问题。可是，如果要从逻辑上证明梦与现实的区别，这个命题不能成立。《庄子·齐物论》就讲到过，人做梦时并不知道自己在梦中，甚至还会去占梦，只有醒后才能发觉之前是大梦一场，所以愚人会觉得自己始终清醒。

因此，如果对环境加以控制，我们就会很难判断自己的醒梦状态。在很多的文学和音像作品中，经常会采用真实场景与梦境交织叙事的手法，这种手法总能在某一瞬间抓住我们的思绪，使我们兴致勃勃地去甄别梦境与现实。可见，在心灵深处，我们就对梦与现实有诸多质疑，这可能是因为潜意识是梦诞生的地方，对潜意识而言，梦境才是真正的现实。

有部电影叫《盗梦空间》，讲的就是与梦有关的故事。电影中的主角们可以造梦，可以盗梦，可以一起入梦，还可以一起醒来。对他们而言，梦境和现实的界线已经模糊了，只好靠一个图腾来区分。其中，男主角科布（Dom Cobb）的图腾是一个陀螺，这个陀螺在梦中可以一直旋转。在影片的结尾，主人公历经艰险，终于完成任务，与家人团聚，美得如同梦境一般。片子最后一个镜头中，陀螺在桌上旋转，好似即将倒下。这个镜头引发了争议，很多人去探讨电影的结局是不是一场梦，去研究陀螺是否会倒下。如果把这个镜头语言写出来，我觉得应该是：

◎ 电影《盗梦空间》海报

“好了，故事就这样结束了，也许还有遗憾，但是很幸福。”

“此时是现实或是梦境并不重要。”

“真的要搞清楚吗？”

“那好，如果真的想分清楚梦境和现实的话，就请靠自己的感受和思考去寻找答案，不要依赖陀螺解决问题。”

在现实中，图腾并不存在，至少不会如此具象、如此简单。梦境和现实是人类永恒的主题，就好像意识与潜意识一直在我们的心中共存一样。现代科学至今仍无法完全解释梦运行的机理，遑论像电影中那样创造和操控梦境。如果有一天，我们可以从科学的角度控制梦境，可以像点餐一般在菜单上选择今晚的美梦，我们才算真正褪去了梦的神秘面纱，只是不知道那时究竟是美梦成真还是噩梦一场。

中国古代的帝王会设立占梦官一职，通过探寻自己梦象中的微小征兆来判断吉凶祸福；现在的人每每在睡醒后，也喜欢把自己做过的梦记下来，有空时翻几本梦书，尝试着自己来解一解梦。梦的普遍性和神秘性，对人类有不可抗拒的诱惑力，我们会去寻找、记录、交流、分析、解释并把它应用到社会生活的各个方面。虽然难以准确地概括，我们还是要对梦文化下一个定义，即在一定群体中，人们对梦的认知和行为方式，以及围绕这两种方式创造出的物质和精神财富。

人们对梦的认知方式和行为方式分别回答了下面两个问题：梦从何处来？梦有何价值？任何一个群体的梦文化都是建立在这两个问题的答案上的。梦从何处来，解释了梦的原因和机理；梦有何价值，说明了梦的功能。搞清梦的身家出处，就给了“梦”一个名分，使它可以从一片混沌中走出来，现身于人们的文化视野；赋予了梦的价值，明白了梦的功能，就给了大家一个指南，让人们知道如何去对待

◎ 海洋上的灯塔

梦这种东西。在此之外,人们对梦的全部创造和演绎,都只是对答案的注解。

如果说文化是一片广阔的海洋,那么对梦的认知方式,就是海洋中升起的陆地,在文化的领域中梦因此而占有一席之地;而对梦的行为方式,就是海岛上的灯塔,在人们晦暗不明时给予指引,人们正是在灯塔之光的照耀下,在海洋中建构了梦的国度。

第二节 管窥梦心
——梦从何处来

现代梦学研究证明,人的神经系统分为两部分,一部分是在清醒状态下的主控神经系统,另一部分是在睡眠状态下的辅助神经系统,梦是辅助神经系统对信息的加工过程。这里的信息包括大脑内部的储存信息和来自外界的感官信息。储存信息是指清醒时微弱的记忆碎片,这些碎片被重新整合之后形成梦境。感官信息是指人在睡梦中感受到的外界刺激,所谓“藉带而寝则梦蛇,飞鸟衔发则梦飞”就是由感官信息引发的梦。

在不同的历史时期,人类对梦的来源的认识各异。过去的人们站在不同的角度,将梦和生活经验联系在一起,得出了各式各样的梦源说,这些学说都是不同的文化背景下人们智慧的结晶。下面介绍几种影响较大的梦源说。

史前先民的梦魂观念

梦魂观念来自史前先民对梦的认识。前面提到过，睡眠状态下的人体和死亡时相似，都失去了束缚灵魂的能力，这种状态下灵魂就可能得到暂时的解放，能离开身体巡游四方，灵魂在巡游过程中的所见所闻即成梦。这就是所谓梦魂说。

梦魂说在中国古代影响很大，很多文学作品中都可以看到它的痕迹。《楚辞》中屈原曾经写过“昔余梦登天兮，魂中道而无杭”，把梦看作魂游，于是魂魄便上天入地、无所不至；司马相如在《长门赋》中写到“忽寝寐而梦想兮，魂若君之在旁”，梦中已经被废的陈皇后的魂魄又来到心爱的汉武帝身旁；李白的《长相思》中“天长路远魂飞苦，梦魂不到关山难”，一句，梦魂完全脱离了肉体本身，可以自由地在天地山川之间遨游寻觅。

东汉王充在《论衡》中提到“人之梦也，占者谓之魂行”，说占梦的人认为梦就是灵魂的外游；“精神行，与人物相更”，灵魂外游后总会有所遇，遇人就梦见人、遇物就梦见物；“梦见帝，是魂之上天也”，如果灵魂登天的话，就会梦见天帝。这是关于梦魂说比较简单明了的描述。

列子是战国思想家，他研习道家黄老学说，有充满智慧的《列子》八卷传世，这本书中就记载了很多生动有趣、蕴含哲理的古梦。其中，《黄帝篇》中“黄帝梦游华胥”这个梦很能说明梦魂说的特征。

相传黄帝即位三十年，为了治理好天下，可谓殚精竭虑，搞得自己是形容枯槁、喜怒无常。为了改变这种情况，他放下国事三个月，退居民舍、斋戒吃素。

然后，黄帝做了一个白日梦，他梦见自己来到古老的华胥国。这个国家里没有官员与百姓之分，人都没有嗜好和欲望。既不懂乐生，也不知畏死；既不懂自私，也不懂得疏离；既不懂得背叛，也不懂得顺从；既没有偏爱，也没有畏忌。他们淹不死、烧不坏；乘云升空如脚踏实地，寝卧虚无如安睡木床。任何外物都无法干扰他们，他们的一切全凭精神运行。

◎ 黄帝像

黄帝醒来后，感觉神清气爽。他终于明白，最高的“道”不能用主观的欲望去追求。于是，他学习华胥国的国家模式，用这样的方式来治理中国。二十八年后天下大治，几乎和梦中的华胥国一模一样了，黄帝也就完成了他的使命，升天做神仙去了。

从黄帝这个梦中，我们可以看出梦魂成梦的几个特点。

首先，梦魂说中的梦往往是意识梦，做梦者心有所念，凝神成像，所思所想就出现在梦中，这就是我们常说的“日有所思，夜有所梦”。就如同黄帝一直忧心于治国之道，就梦见了乌托邦式的华胥国一样，孔子梦周公也是意识梦的典型代表，孔子一生以制礼作乐的周公为目标，“为天地立心，为生民立命，为往圣继绝学，为万世开太平”，他晚年还曾因礼崩乐坏的现实而感慨：“久矣吾不复梦见周公！”

其二，梦魂说的梦往往是寻常梦，做梦者梦中见到的情景事物多为真实生活的再现。黄帝梦中的华胥国虽然是个理想

◎ 孔子像

国度，但它并不是虚幻的，它有来源，是伏羲母亲华胥氏的故国；它虽然远在“弇州之西，台州之北，不知斯齐国几千万里”，但这个位置还是一定的，并不像“烟涛微茫”中的瀛洲那样缥缈无所。魏征“梦中斩龙头”，辛弃疾“金戈铁马入梦来”，这些梦中梦主人的身份往往与现实生活中的自己相匹配，所以说梦就是现实的一种延续。

最后，梦魂说的梦基本上都是直应梦，这些梦往往不需要过多的解读，就可以给做梦者带来一定的启示。比如，黄帝梦游华胥后，不需要对梦的内容做进一步阐释，直接就可以运用梦中所悟来治国。再比如，汤显祖《牡丹亭》中，杜丽娘梦里见到一个书生持半枝垂柳前来求爱，两人在牡丹亭畔幽会，这也是简单的相思梦，不需要过分解读。

梦魂观念是古老的、凝和为一的观念，最初有梦必有魂、有魂必有梦，两者密不可分，梦魂因此成为古典文化中的语词，魂牵梦绕、魂梦等词都是它的衍生物。渐渐地，梦魂合一被打破，一方面灵魂从形式上挣脱梦的桎梏，另一方面梦也不再只囿于简单的灵魂漫游。前者发展出多姿多彩的文学和艺术创作，后者为我们带来神明入梦等更为复杂的梦源观点。

《尚书》中的神明入梦说

《尚书》中记载了殷高宗武丁因梦而得贤相傅说的故事。

武丁在为父居丧期间三年不参与政事，丧期满了还是一言不发。大臣们苦劝他发号施令，他却唯恐自己说错话。正当苦恼时，武丁做了一个梦，他梦见天帝向他推荐了一位好助手，可以做他的代言人。于是他就将梦中所见人物的形貌画了下来，派人拿着画像四处寻访，最终在傅岩找到了正在筑城的傅说。武丁后来拜傅说为相，君臣二人携手开创了一番盛世。

这个传说中，武丁之梦体现的是人和天神之间的感应与交流。武丁苦苦思索如何治国，天帝理解他的苦衷，于是以入梦的方式把傅说推荐给他。人神之间生命相感应，通过梦象相沟通，天神直接出现在梦中。这就是最早的关于神明入梦的记载。

◎ 殷高宗武丁像

先民认为，梦是人与神明沟通最便捷的途径，神明会通过入梦的方式对做梦者给予指引。这里的梦带有一种神性，是由神直接安排和实施的。有关神明入梦的传说很多，比如《墨子》中记载了周武王受命之梦。

传说武王伐纣前，曾经梦见三位天神对他说，我们已经使商纣王沉迷于酒色之中了，你只管去攻伐，一定可以成功！果然，武王一举拿下朝歌，成就了周王朝八百年基业。

上面两个例子中，神明都是直接入梦的。后世记载的梦中，多数情况是神明并不直接和人交流，而是通过其他手段在梦中指引做梦者。唐玄宗梦中得仙女传授《霓裳羽衣曲》，东汉蔡邕恍惚间得奇人指点而书名篇《九势》，李白梦中见到笔头生花后诗情如泉涌，这都是神明间接入梦的例子。

南朝时江淹少年成名，但到了晚年才思衰竭。他自己解释这种情况，说在梦中见到了西晋大文学家张景阳，张景阳向他索要“锦缎”，梦醒后他就再也做不出锦绣文章了。还有人传说，江淹其实祸不单行，他还做过一个奇梦，梦见东晋大学者郭璞对他说：“吾有笔在卿处多年，可以见还。”梦中的江淹就从怀中掏出了一支五色笔还给郭璞，这一下就彻底江郎才尽了。

从根本上讲，神明入梦说的基础是一种神灵崇拜。在中国古代，除了对神灵的崇拜以外，对祖先的崇拜也十分盛行，《礼记·檀弓上》中有“骨肉复归于土，命也。若魂气则无不知也”。相应的，先祖入梦说也是神明入梦的一种延伸。

《左传》成公二年记载，齐晋鞌之战的决战前夜，晋国主帅韩厥梦见了自己已经去世的父亲子舆，亡父对他说，你明天作战时不要站在战车两边，否则你会有生命危险。于是第二天作战时，韩厥就站在了战车正中。结果仗打下来齐国败阵，韩厥带着人追赶逃跑的齐顷公。不料，齐顷公身旁有一个神射手，他接连射杀了韩厥战车上左右二人，韩厥就因为亡父梦中的提示而保住了性命。

另外，《汉书》记载汉元帝时期，由于朝廷大量削减郡国的祖庙，汉元帝和自己的幼弟楚孝王都在梦中受到了已故祖先的指责。祖先崇拜主要通过祭祀来体现，因此先祖入梦时经常会提到祭祀的多寡。

入梦说中，梦永远是做梦者和其他存在形式的一种沟通方式，这种梦体验往往很有价值。不论是神明、先祖，还是神明的代言人，他们都会在梦中感应到做梦者的需求，特意给予一定的指引。这种情况下，做梦者往往需要对梦到的内容进行深层次的解读，需要通过所谓"占梦"来获得对方所提供的真实信息。神明入梦说相比较梦魂说有更强的通神性和预言性。

◎ 韩厥像

《黄帝内经》中的因病而梦说

中国古人看待梦，并不总将它们与超自然现象联系在一起。事实上，先民很早以前就提出过相对比较科学的梦源学说——因病而梦说。《黄帝内经》可谓是这种学说中的翘楚，它试图从中医学的角度来解释梦，将梦的发生与病理学因素相联系，最终将所有的梦因都归结为"淫邪泮衍发梦"和"虚气厥逆发梦"这两大类。

《黄帝内经·灵枢》中有一篇《淫邪发梦》是我国现存最

早的论梦专篇，其中的“十二盛”和“十五不足”都是重要的解梦依据，有不可忽视的文献价值和研究价值。这篇文章中所提出的“淫邪泮衍”说正好切中因病而梦的要害。所谓“淫邪”就是阴、阳、风、雨、晦、明六气，过犹不及是为淫，六淫就指风、寒、暑、湿、燥、火六种致病因素；“泮衍”是融流弥漫的意思。“淫邪”一旦侵入机体，势必造成机体种种失衡现象，这些现象反馈到睡梦中就形成种种不同的梦。

另外，如果人体虚气厥逆于五脏六腑之间，也会引发各种各样的梦，这主要是因为“**邪之所凑，其气必虚**”。比如说，“**客于心，则梦见丘山烟火**”，因为五行中心属火，心气虚，则引同类以自实；再比如说，“**客于肺，则梦飞扬，见金铁之奇物**”，因为肺的作用是司呼吸，和轻扬上浮的气打交道，

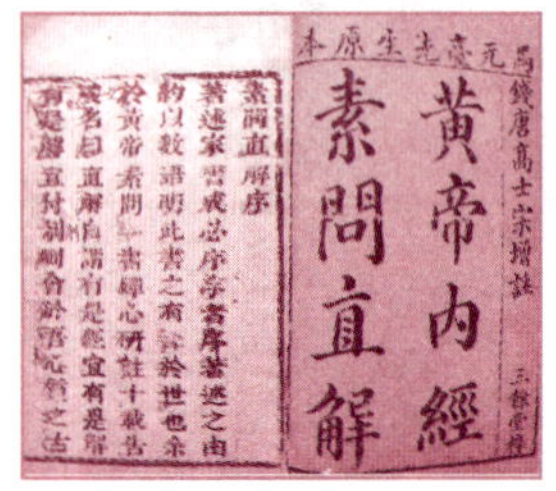

◎《黄帝内经·素问》书影

加上五行中肺属金，所以可能出现这些梦象。

《素问·脉要精微论》中提到了所谓的“邪实成梦”，就是说你吃得太饱时做梦就会梦到将食物送给别人，腹中空空时梦中会出现进食的场景；《素问·方盛衰论》中提到，与肺病相关的梦总是离不开白色和兵器，与肾病相关的梦总是离不开水，与肝病相关的梦总是离不开草木，与心脏病相关的梦总是离不开火，与脾相关的梦总是离不开盖房子。

总之，《黄帝内经》所述之梦多为“因病而梦”，致梦疾病又主要为淫邪干扰人体正常生理机能所致，也有因为正气不足而发梦的情况；发梦的主要机理是天人感应的原理，主要根据是朴素的阴阳五行说。《内经》中论梦，惯常采取取象比类的方法，典型的梦体验成了典型疾病的信号，这种方式有很强

的针对性，也确有一定的预见性，梦境可以为诊断疾病提供一定程度的依据。

春秋时期，晋景公生病了，请来秦国名医缓给自己治病。结果在缓进宫前，景公梦见两个小孩在慌慌张张地交谈，一个说："听说缓是天下名医，他来了，咱们必定遭殃，不知往哪里逃才好呀？"另一个说："我们何不躲在膏之下、肓之上，这样缓就找不到咱们了，又能拿咱们怎么样呢？"果然，缓见到景公后，无可奈何地表示病症已经深入到膏肓之间，针灸和药物都无法渗透进去，已经无药可救了。

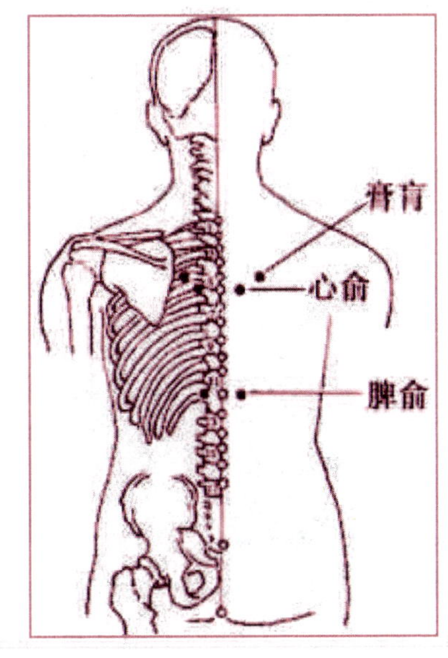

◎ 膏肓穴

桓谭曾记载过，西汉赋家扬雄在汉成帝时受诏作赋，因为思虑过度，伤了精神，赋成之后因倦小卧，梦见"**五脏出在地，以手收而纳之**"，醒来后就患了喘悸病，气虚严重，整整病了一年。

后世《洞微志》记齐州有人突发狂疾，病中经常唱："**五灵华盖晓玲珑，天府由来汝府中。惆怅此情言不尽，一丸萝卜火吾宫。**"后来这个病人遇见了一个精通医术的道人，他自述病由说："梦中见一红裳女子，引入宫殿，皆红紫饰，小姑今歌。"道士听后解梦说，这是得了天麦毒，说女子对应心神，小姑对应脾肾，应服药配吃萝卜来治病。后来果然药到病除。

《黄帝内经》论梦的成因和梦象的生理原因，把梦从鬼神迷信和梦兆观念中拉出来，这是一个了不起的进步。但因为缺乏心理学、医学方面的知识，《黄帝内经》对梦的解释还显得过于简单，只在讨论病理时附带提出，而且还有不少牵强附会的地方，是比较缺乏科学性的。后来，孙思邈将“五脏”梦之说记载于《千金要方》中，讲的是心、肺、肝、脾、肾五脏冷热与相应梦象之间的关系，而且据此提出了六气治疗的针对性措施，可谓在《黄帝内经》的基础上，将因病而梦之说向前推进了一步。

◎ 弗洛伊德像

西方的潜意识与梦

第四种梦源说是西方心理学家对于梦和潜意识关系的探索。西方人本来也认为梦是灵魂作祟的结果，直到弗洛伊德、荣格为代表的精神分析学派的出现，才使关于梦与灵魂关系学说具有了初步的科学性。弗洛伊德的著作《梦的解析》中提到，人的许多被压抑的冲动和欲望都存在于潜意识中，而梦正是潜意识的反映。在潜意识这座“梦工厂”中，梦的出现主要有两个原因：第一个就是“压抑愿望的达成”，做梦者在现实中无法实现的愿望，甚至无法被承认的原始冲动，经过潜意识的乔装打扮，改头换面后以梦的形式出现。在面对这种梦的时候，往往需要还原梦的乔装过程，才能够窥见其中的真意。

荣格在潜意识的基础上提出了集体潜意识的概念，由此也对梦的产生提出了另一种解释。集体潜意识是长期的遗传经验在人身上留下的生理痕迹。在这种力量的推动下，梦就成了潜意识的真实诉说。这种梦就是前面提到的“原始人的来信”，信件的主题往往贯穿人类历史，遍及宗教、伦理哲学等诸多领域，荣格称之为“原型”。于是解读这种梦的核心就是找到梦境背后的种种“原型”。

在中国古代，有一位作家笔下的故事最契合西方这种“压抑愿望的达成”的梦源观点，他就是《聊斋志异》的作者，落魄书生蒲松龄。相传，蒲松龄年轻时曾经暗恋过恩人孙蕙的侍妾顾青霞，这种感情并不见容于世，只能深深压抑在心中。他在《梦幻十八韵》里写自己梦遇神女，这神女“倦后憨尤媚，酣来娇亦狂。眉山低曲秀，眼语送流光。弱态妒杨柳，慵鬟睡海棠”，正是曼声娇吟的顾青霞在蒲松龄梦中的变形。

◎ 蒲松龄画像

蒲松龄并不满足于只在自己的梦中怀想情人，《聊斋志异》中“书生梦遇女鬼”这类典型故事模式正是对他自己悲剧爱情的一种悼念。在这种模式中，书生总是穷愁潦倒、抑郁不得志，他们多在野寺孤馆、荒山深谷之中寄居，到了深夜恍惚之时就会遇到娇艳如花的美女。这些美女往往不计较书生的各种落魄，一见倾心甚至自荐枕席。然而书生的桃花运总是不会长久的，梦里的芊芊女子转眼就成了艳鬼狐妖，之后的故事就是人各有命了。

从上述四种梦源观念可以看出，在回答“梦从何处来”这个问题时，不同的文明阶段、文化领域都给出了不同的答案，这些答案从一定程度上可以解释梦的运行机理，并推动梦文化在此基础上进一步发展和丰富。然而，随着人类经验范围的拓展和认知水平的提升，这些答案最终又会被新的理论所取代。所以说，重要的并不是问题的最终答案，而是不同时代、不同文化背景下对这个问题的解读，以及围绕它进行的种种建构。正是这些不同的文化财富沉淀下来，才形成了梦文化现在的风貌。

第三节 取象比类
——梦有何价值

梦的象征与解读

文化的功能之一是针对某种现象为群体成员提供统一的解释，从而促使其形成一致的价值观念。在回答了“梦从何处来”的问题之后，梦文化的发展进入了新的阶段，对梦境的解读是这个阶段的主要内容。梦源的观点已经暗示了梦具有某些功能，先民对梦价值的探索，实际上就是在选择解读梦境的角度。

古往今来，人们对于来源神秘的东西总是充满期待，相信它们具备种种神奇的功能。人类在看待梦时也是如此，我们相信梦可以预知吉凶，相信梦反映身体中的病灶。中国的古人们从梦象中寻找梦意，西方心理学家通过显梦猜测隐梦，都是运用取象比类的手法使梦境和人们眼中梦的功能发生联系。取象比类，就是一种由此及彼的象征。对梦的象征性解读，就是释梦的过程。

符号象征与主题象征

中西方的释梦过程具有相似的结构，释梦者创造出“梦兆”，从而形成“梦象—梦兆—梦意”的推理模式。梦兆是梦象的引申，也是释梦的关键，创造梦兆一般运用符号象征和主题象征两种方法。

弗洛伊德运用的就是符号象征的方法，他认为象征是“特殊的隐喻”，象征物与被象征物是简单的替代关系。在他的理论中，大量的意象都可以被解读成性符号。比如手杖、树木、雨伞，与洞穴、瓶子、帽子分别代表两性的生殖器官，而跳舞、骑马、爬山、飞行则代表了性行为。弗洛伊德还主张先通过引导做梦者自由联想，找到发梦的原因，再运用象征法解释梦境。然而，符号象征是一种受制约的象征，梦兆也往往是对梦意的附会。

这种制约性在主题象征中大大减弱。荣格在释梦时会强调和做梦者一起去发掘梦的主题，找出梦背后指向的“原型”，这种梦象与“原型”之间的关系就是主题象征。经常被提及的原型意象有阿尼玛、阿尼姆斯和人格面具。

阿尼玛指男人内在的女性存在，反之女性内在的男性部分被称作阿尼姆斯；人格面具则象征我们在社会生活中扮演的表面人格。外在的人格面具和内在的阿玛尼或阿尼姆斯的

◎ 荣格

冲突是许多梦境和与之相关的文学作品的主题，上文中提到的《聊斋》就是一例。

实际上在中国文化中有一个更为著名的阿尼玛原型，他就是贾宝玉。儿女情长，风云气少，贾宝玉对女性的态度、与贾父的对抗，可以看作是阿尼玛对人格面具的报复。他对林黛玉的一见钟情，觉得似曾相识，其实也是阿尼玛原型的一种投射。

弗洛伊德和荣格眼中象征的不同，源于他们对梦的功能的不同理解。弗洛伊德将梦看作是解决精神疾病的途径，所以首要的是找到病因，推理过程是“梦象—梦意—梦兆”，在这个过程中梦象是客观的，梦意是既成的，梦兆只是一种简单的联系；荣格把梦看作是维持做梦者心灵平衡的一种现象，是潜意识的一封来信，梦完全是一种“象征的语言”、一道关于象征的谜题，释梦者的推理过程就是“梦象—梦兆—梦意”，找到梦兆是最关键的步骤。

占断之梦与文学之梦

以上两种象征方式在中国的梦文化中都有体现。在古代，人们往往将梦和日常生活联系在一起，认为梦具备预示未来、占断吉凶的能力。带着这种对梦的功能的理解，和弗洛伊德一样,古人在占梦时多采用符号象征的手法,这一点在占辞中得以体现。占辞包括梦象之辞、释梦之辞和占断之辞,分别对应梦象、梦兆和梦意。

举个例子,有段占辞是“梦天高亮,阳明显达之意,万事亨吉”,其中的“梦天高亮”是梦象,“阳明显达之意”是释梦,而“万事亨吉”是占断之辞。这种占辞的结构和龟占、易占相似,龟书的释兆之辞在兆纹之后,易书的释卦之辞在卦象之后,都呈现出“梦象—梦兆—梦意”的解读模式。然而,占辞中的释梦之辞并不总是在中间位置,时而提前,时而调后,甚至有省略不讲的情况出现,比如“梦见上山,所求皆得”。这些内容会在第二章介绍占梦时详细提到。

占辞中存在大量的符号象征,日月便是经常被提起的象征物。日代表阳,象征君德;月代表阴,象征后妃、大臣。凡是梦见日月的,都是贵兆,有梦书记载“梦见日月者,主大赫;梦见日月照身,大贵;梦见拜日月者,大吉”。某些典故也会转化为具备象征意义的符号,比如“燕姞梦兰”。

◎ 燕姞梦兰

《左传》中记载,郑文公有个名叫燕姞的贱妾,梦见天使给了她一支兰花,天使对她说:“我是伯儵,是你的祖先,把这兰花送给你做儿子吧!”不久以后,文公要燕姞侍寝,燕姞就对文公说:“妾的地位低贱,如果侥幸怀了孩子,恐怕别人不相信,请您赐我一支兰花作证明。”文公就说:“好!”果然,燕姞怀孕生了儿子,取名为兰,就是后来的郑穆公。这个故事广为流传,使“梦兰”与受孕之间建立起固定的联系，“梦兰”也就渐渐成为女子受孕的一种预示，元稹就曾写过“头白夫妻分无子，谁令兰梦感衰翁”。

在占梦过程中，中国的古人运用比喻、象征、联想、推类等占梦之术创造了许多的符号象征关系。其中的象征物与被象征物的数量、种类、范围都远远超过弗洛伊德理论中的象征手法，而占梦过程的复杂性和灵活性也更为高明。但是由于古人对梦功能的理解所限，过于追求“占有所验”，释梦时常常刻意附会，甚至故作神秘省略不谈。

在中国，主题象征的释梦方法多见于文学作品中对梦境的描述和解读。梦在其中充当着揭示主题、指向原型的作用，既是作者的心理投射，也是塑造人物的手段。

《聊斋志异》中的书生一方面饱读诗书、受社会道德的约束，另一方面又难以通过考取功名的方式获得认可。这种反差就激发了书生内在不发达的阿尼玛与外在人格面具的矛盾，书生急需将自身的两种原型进行整合。在整合的过程中，阿尼玛被投射出去，狐鬼就是这种投射的产物。

男性的阿尼玛意象随着心理成长而发展，发展过程有四个阶段，分别是肉体阿尼玛、浪漫阿尼玛、精神阿尼玛和智慧阿尼玛。在《聊斋》中大部分的故事开端，书生与狐鬼都是一种性爱关系。这阶段笔墨重在“床戏”，而艳丽迷人的狐鬼就是一种低级的原型意象。

情节继续发展，如果书生沉迷在肉欲之中，往往就会直接耗尽精血，撒手人寰。这就意味着整合的失败，负面的阿尼玛操控了整体，毁灭了其他的原型。一旦男女双方能够节制肉欲，并且寻找到共同的爱好，比如诗词、乐器等，就能够成为志同道合的爱人，从而把书生原本“肉体阿尼玛”的原型提升到了“浪漫阿尼玛”的阶段。

◎《聊斋志异》插图

随着梦境的推移，狐鬼往往会赢得书生的真爱，以及身边人的支持和理解，这象征着阿尼玛原型的进一步发育。直到某一天，狐鬼必须离开，就暗示了此时书生的阿尼玛原型已经成熟，能够和他的人格面具相匹配。于是这个原型就被重新吸纳回来，书生完成了自我整合。

联系中西方的解梦方式可以看出，中国传统文化中的占梦近似于西方的符号象征，而文学作品中常见的释梦则类似于主题象征。事实上，不论梦有何价值，大都是人主观赋予的。从认识到梦存在的那天起，人类就在不断地赋予梦新的内涵与价值。由最初的占断吉凶，到后来的预言疾病，如今我们已经建立了梦与潜意识之间的生理联系，可以借助梦的力量来探索人类复杂的内心世界。

随着科学的进步和人们认识水平的提高，很多奇妙的梦学问题都揭开了它神秘的面纱，然而这丝毫不影响人们探索梦、研究梦的热情。只要我们每晚还能入眠，还能获得那些亦真亦幻的梦体验，梦就永远是人类最感兴趣的谜题之一。我们对这个谜题做出的每一次解谜尝试，都可以看作是人类对梦的神秘性发起的不懈挑战，正是这些挑战成就了现今绚丽多姿的梦文化。

下一章中我们将跨越时空的界限，回顾中国古人对梦的最初解读——梦的占断。

第二章

斯芬克斯的谜底
—— 占梦理论谈

在古希腊，流传着这样一个神话故事：提佛国有个叫斯芬克斯的女妖，她人面狮身，居住在提佛城外的悬崖上，每天向过路人提出缪斯所传授的谜题，一旦路人无法猜中谜底，就会被她撕吞入腹。后来，人们将那些神秘难解的问题称为斯芬克斯之谜，梦便是有史以来最难捉摸的斯芬克斯之谜。

从古至今，从东方到西方，不同时空里的人总会为了满足自己的好奇和需要，尝试着用各种方法来解释梦，梦学理论因此不断发展和创新，解梦的手段也日新月异。如今，我们再回首曾经的解梦之道，看到的是浓郁的神秘色彩、宗教迷信色彩和不时闪耀的智慧之光。

◎ 斯芬克斯雕像

第一节 窥视未来的镜子
——占梦的诞生

古代中国，占梦在相当长的一段时间内占据着梦学的统治地位。在诞生之初，占梦就拥有了“贵族”的身份，它的发展历程是由庄重的仪式化向世俗的常态化的过渡。上古三代起，占梦作为上层社会占卜活动中的重要一环迅猛发展，理论逐渐成熟，相关“教材”也日益丰富。占梦作为一种“有中国特色”的文化现象，始终散发着惊人的神奇魅力。

黄帝梦得风后——殷商前的占梦

今天，当我们追溯占梦文化的历史时，通常会将它的起源归结到一个古老的故事上。相传，华夏民族的先祖黄帝一度为寻找安邦治国之良臣而苦恼，后来他做了一个不寻常的梦，梦到了“大风吹天下之尘垢皆去”“人执千钧之弩驱羊万群”。

梦醒后的黄帝认定，这是上天对自己的指引。他对梦象进行了占断，认为可据“大风”和“尘垢皆去”解出“风”“后”二字，继而可据“执千钧之弩”和“驱羊万群”解出“力”“牧”二字。

于是黄帝相信，上天正是派了风后、力牧二人来帮助他治理国家，他在全国范围内遍寻风后、力牧。功夫不负有心人，不久后，黄帝便得偿所愿，找到了心仪的辅政良材。正是风后、力牧二人协助始祖黄帝，开创了华夏民族最初的辉煌时代。

事实上，上古关于占梦的神话传说还有很多，这些故事总是与帝王霸业的建立有密不可分的联系。相传，尧曾做过攀天成龙之梦，舜则做过长眉、击鼓之梦，这两位后来都成了华夏民族的统治者，他们梦见的天、龙、击鼓，也就被占梦者附会为帝王即位之兆。

著名的治水英雄大禹也有占梦的故事，传说他曾在梦中见到山书、洗河和乘舟过月，山书之梦被认为昭示了大禹治水早有上天庇佑，他已得治水之真经；洗河之梦预示他必能拥有辉煌的治水生涯；而乘舟过月有“天上行”之意，代表他终将荣登帝位。

上古的传说告诉我们，占梦行为在史前就已发生在统治阶层中，无论是黄帝还是尧、舜、禹、汤，都留下了类似的占梦故事。这些故事里，先圣们对于占梦有着虔诚的态度和系统的认识，相信梦象必然代表了上天的某种旨意，他们的任务就是占得上天的神意，并且将其执行到底。

从殷人梦鬼到飞熊入梦——殷周时代的占梦

如果我们抛开这些所谓的传说故事，回到文献材料中找证据，可以发现，早在殷商时期的甲骨卜辞中，就有很多关于占梦的记载。翻开甲骨卜辞的合集，可以看到大量有关“吉凶梦幻”的占卜文字，比如“庚辰卜，贞多鬼梦，不至田”等。

◎ 卜辞拓片

殷商一代，受到尚鬼心理的影响，商王多做鬼梦，占梦时常怀畏惧之心。卜辞中显示，殷人梦象丰富，囊括人物、鬼怪、天象、走兽、田猎、祭祀等诸多方面。而先考、先妣、鬼怪以及死亡的猛兽是殷人梦中常见的形象。大规模的文字记录说明，利用龟卜来占梦在商王族的生活中占有重要的位置，或已成为一种约定俗成的习惯。

占梦的完全成熟出现在上古时代鼎盛的西周王朝时期。文献证据显示，早在武王灭商之前，其占梦活动就已经极为频繁。司马迁曾说“**文王拘而演周易**”，周文王本身除了是一位占筮算卦高手外，还屡有占梦佳绩，他飞熊入梦而得姜子牙的故事很有名气。

另据《礼记·文王世子》记载，周文王病重时武王梦见天帝给他“九龄”，他自己占之为“**西方有九国焉，君王其终抚诸**”之兆，但文王有不同意见，他占此梦为年龄之兆，认为上天示意武王有九十的寿数，出于爱子之心他将自己百岁寿龄让与武王三岁。果然，后来文王九十七乃终，武王九十三而终。

周民族将象征法引入占梦，对占梦方法的拓宽有重要贡献，《逸周书》所载“太姒梦梓”的故事是其中的范例。周武王的母亲太姒梦到商人的庭院里生长着棘木，武王从周人的庭院里拔来梓树，栽在棘木之间，梓树就变成了松树、柏树、棫树和柞树。这里的商庭和周庭分别代表殷、周统治，棘和梓则是力量的象征。棘是灌木，而梓是乔木，乔木的长势终会超过灌木，而梓化为松、柏、棫、柞，它们都是粗壮结实的大树。梓木在荆棘丛中长成参天大树，这就寓意周人必将从殷人那里接过天命，果然后来周武王得以灭商。

周人占梦克服了殷人消极畏惧的心理，根据《周礼·春官·占梦》的记载，周人梦心理趋吉，这个时期的占梦者都有一种报喜不报忧的职业习惯，周人占梦时呈现出的积极自信的态度与时代的精神气象相契合。然而，从一定程度上说，周人占梦不再执着于“问忧不问喜”，也使他们丧失了殷人占梦时所表现出的谨慎的忧患意识。

随着占梦行为的不断深化，周人占梦较之殷商更加严肃庄重，周王朝内部设有专职的占梦班子以执掌此事，周人建立起包含仪式、方法在内的一整套完备的占梦制度。可以说，殷周时代，占梦作为一种官方的信仰逐步实现制度化，并最终达到了一个巅峰。周代以后，占梦行为的实施始终没有离开商周人所建立起的这套体系。

第二节 从梦象到占验
——占梦的定义

管窥一斑——什么是占梦

在为占梦下定义之前要首先明确一件事，占梦虽然与龟卜、占筮、占星等共同构成了上古绚烂多彩的占卜文化，但它与其他占卜形式是有区别的。占梦并不采用外在的、物化的神秘符号来沟通人神，它以做梦者本身的梦体验为依据来预测人事的吉凶祸福，这点使占梦天然地拥有了更加神秘的诱惑力。

《左传》中曾经用很玄妙的语言概括过占梦，它说"**占梦掌其岁时，观天地之会，辨阴阳之气，以日月星辰占六梦之吉凶**"。如果用现在的语言简单为占梦下个定义，大概可以描述成：占梦是由专门的神职人员或者有经验的人（包括做梦者自己）依据龟兆、筮法、梦法、阴阳、日月星辰等方法，对做梦者的梦体验做出解释，以预测未来人事的吉凶祸福的过程。

从定义出发，根据占梦者的不同，可将占梦简单地分为自占和他占两类：

自占是由做梦者来占断自己的梦，前面讲到的黄帝梦得风后、力牧的故事就是自占的典型例子。《左传》中有不少关于自占的记载，昭公十一年时有个叫泉丘的女子梦见她用帷幕覆盖了孟氏的宗庙，便私奔到孟僖子那儿作妾。这个女子不仅自占其梦，还敢于不顾世俗眼光地将梦付诸行动。

他占中的占梦者既可以是太卜等专业神职人员，也可以是君主、大夫、史官、有经验的老人家等“兼职”占卜的“多面手”。

一般认为，西周时代占梦官成为官员体系中的一部分，《周礼·春官》记载“占梦中士二人，史二人，徒四人”，这是鼎盛时期占梦官的标准配置。当君王遇到较为复杂或者重大的梦体验时，他们会求助于自己的占梦官。《诗经·小雅·斯干》篇中“大人占之，维熊维罴，男子之祥；维虺维蛇，女子之祥”就是占梦官为王室占梦的记载。

◎ 郑国子产像

实际上，由非专职人员进行占梦的情况更为多见，周族二王占太姒梦梓的故事中就是由君主亲自来占梦。春秋以后，史官接过占梦“接力棒”，肩负起为国君答疑解惑的职责，史墨占赵简子之梦的故事便是如此，《国语》中所载虢公梦神人白毛虎爪而令史嚚占之的故事也是如此；另外，大夫名臣也成为占梦的生力军，比如在鲁昭公七年时，郑国名臣子产就曾为晋侯占黄熊入于寝门之梦。

另外，根据着眼点的不同，可以将占梦分为鬼神之占和疾病之占两大类：鬼神之占借助阴阳八卦、日月星辰、鬼神魂魄、社会人事，以及象征类比、拆字谐声等方法预断世事吉凶，为迷信披上科学的外衣，在古代占梦史上占据着统治地位；疾病之占则是依照中医学上经络五行等理论，对人体疾病进行预测性诊断的过程，相对而言有更高的科学价值，但始终没有摆脱“旁系别支”的身份。

梦象、释梦与占断——占梦之辞

将占梦过程记载下来的语言就叫占梦之辞，通常包含梦象之辞、释梦之辞和占断之辞三部分：梦象之辞就是述说梦体验的文字，早期只记形象，后来描述性的语言渐渐增多；释梦之辞是解释梦象、说明梦意的文字，是占梦者依据占梦之法进行的自圆其说，这部分在占辞中可有可无；占断之辞是判断吉凶、预测未来的文字，其类型根据梦象而生、多种多样。

《梦林玄解》中有一则标准的占辞：“梦天崩裂，凡百忧虞，上危中决，主有大败大丧。”这里“梦天崩裂”是梦象之辞，“凡百忧虞，上危中决”是释梦之辞，而“主有大败大丧”是占断之辞。可见，占辞的规范格式是梦象之辞在前、释梦之辞居中、占断之辞断后。

实际上，释梦之辞在占辞中的位置多变，有繁有简，甚至可有可无。《太平御览》中“斤斧为选士，取有材。梦得斤斧，选士来”，释梦之辞出现在梦象之前，好像是占梦的大前提；《艺文类聚》中“梦见灶者，忧求妇嫁女。何以言之？井灶，女执信之象”，释梦之辞在占断之后，进一步说明占断根据；《北堂书钞》“梦见新岁，命延长”、《敦煌遗书》“梦见地劈，忧母

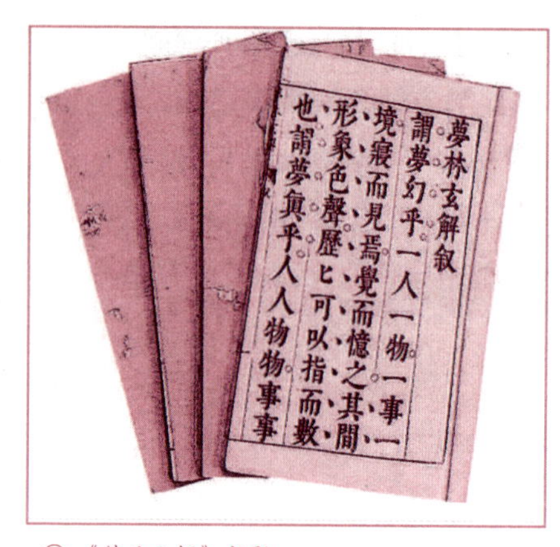
夢林玄解叙
謂夢幻乎一人一物一事一
境寢而見焉覺而憶之其間
形象色聲歷歷可以指而數
也謂夢真乎人人物物事事

◎《梦林玄解》书影

损”等均无释梦之辞。

另外占断之辞的类型也是多种多样:“**梦见屋中牛马,凶**”直接判断吉凶,不做任何具体说明;“**梦见骑羊,得好妇**”只说明了所预兆的内容;“**梦见上天者,大吉,生贵子**”兼谈吉凶与预兆内容;而“**梦见雨落,春夏吉,秋冬者凶**”则是分而论之,为占断加上了限制条件。

除了结构方式外,占辞中的逻辑也很值得关注,很多时候梦象与占断之间的逻辑关系显得扑朔迷离,甚至相同相似的梦象会对应相异相反的占断。比如,《敦煌遗书》中所载“**梦见煞牛,得财大喜**”和“**梦见煞牛、马,家破**”两则梦象极为相近,占断却截然相反。由于占梦缺乏科学依据,占梦人必须考虑做梦者的实际情况来占断,结果自然因人而异。

最后来看一则比较复杂的占辞,它出现在《梦林玄解》中:“**梦天上对弈。占曰:此梦对垒纷争之象。凡事梦此,胜则为祥,负则为殃,和则为安。天机一著,应在三百六十之数。**”这则占辞中梦象、释梦、占断三部分内容完整,释梦之辞详尽周到,占断时考虑不同条件分别得出结果,占辞逻辑相对严密,是教科书式的占梦记载。

作为占梦教材,《周公解梦》声名在外,实际上它出现得很晚,而且成书情况很复杂。根据文献记载,西汉时专业的梦书就已经出现,只是《黄帝长柳占梦》《甘德长柳占梦》等早期梦书均已亡佚。可喜的是,我们在敦煌莫高窟的出土文物中发现了古本《敦煌解梦书》，其中的大量记载是对唐前占梦文献材料的有力补充。

第三节 双管齐下
——占梦理论发展与梦的分类

有赖于人们对于梦的执着思考与探索，由此而生的“占梦”虽然包含浓厚的迷信思想，但也绝不只是“封建迷信”那么简单。事实上，在众多哲学家、思想家的努力下，中国古代形成了系统的占梦理论和梦学分类模式，这些理论无不体现出智慧的力量。

◎ 甲骨卜辞

中国占梦理论的起源最早可以追溯到殷商时期。在过去的研究中，受制于稀少的文献材料，我们总是不能窥见殷商占梦思想的全貌。随着越来越多的甲骨文再现于世，我们有幸可以接触到这些三千年前殷人梦文化的第一手材料。

商代的占梦思想可以从梦景、梦人、梦因、梦祸等方面去考察。甲骨卜辞中所描述的梦象如天气晴雨、雷震地动、出师使伐、祭祀狩猎、亲人猛兽等都是较为生活化的，大抵不出社会生存环境中目所能见的事物。个人的心理、生理、个性、病理以及自然、社会、气候等环境现象往往是殷商人认定的梦因。

殷人占梦实实在在地反映了当时统治阶层的忧患意识，他们常常将梦看作鬼魂对忧咎祸孽的示兆。殷人释梦简单直接，那个时代的文字中还没有广泛使用象征法占梦的迹象。我们今天已经无法找到关于殷商时代占梦理论的具体记载，但依然可以从甲骨卜辞中看到占梦行为的辉煌过往。

理论的雏形——《周礼·春官》中的“六梦”说

当西周文明的曙光照耀大地时，占梦终于迎来了它的黄金时代。《周礼·春官·占梦》中第一次提到了所谓“六梦”说，这是中国有文献记载以来最早最系统的梦的类型理论。汉代以后，中国形成了两大占梦理论发展体系，其中之一就是历代经学家对于《周礼》中这段理论的阐释和解读。

我们先来看《周礼·春官》中这段原文：

占梦，掌其岁时，观天地之会，辨阴阳之气，以日月星辰占六梦之吉凶：一曰正梦，二曰噩梦，三曰思梦，四曰寤梦，五曰喜梦，六曰惧梦。

这段话截止到“占六梦之吉凶”讲的都是占梦方法，前面已经简介过，后面还会具体论述，这里暂时存而不论。我们只看后面六个短句，正是这六句话二十四个字引发了两千多年经学家们一次次的大论战，论战的焦点就在于如何理解这所谓的“六梦”而不发生概念的混淆。

《周礼》并不着力于论述，它看上去更像一本乌托邦的体系构想图。正因为这种书写体例的限制，书中很多概念都没有交代清楚，这其中就包括了“六梦”的准确含义。今天我们在《周礼》中能找到的就只有“正梦”“噩梦”“思梦”“寤梦”“喜梦”和“惧梦”这六个名词，再也找不到一丁点儿关于这六个词的解释了。

◎《周礼》首页

现有材料中最早论述占梦理论并对“六梦”做出解释的是东汉末年的大经学家郑玄。郑玄身兼经学和方术的双重背景，他对“六梦”的解释既是汉代经学家所奉行的“真理”，也影响到了宋代理学家对占梦概念的理解。

郑玄《周礼注》曰：“**梦者，人精神所寤可占者。**”人在睡眠状态下“自以为觉”，这时所见的人与物就是梦。在肯定占梦的前提下，郑玄并不十分关注到底应该怎么占梦，反而更加致力于解释“六梦”的含义。

◎郑玄像

他认为“正梦”就是“**无所感动，平安自梦**”，是在平和恬淡的心态下所做之梦，其内容也是平平常常、无忧无喜的。宋代经学的代表人物朱熹在这一解释的基础上赋予“正梦”以道德的内涵，他认为“**思之有善与恶**”，梦也就有“正与邪”，而且“正梦”还必须要实验。真德秀支持朱熹的解释，认为只有“殷高宗梦得傅说”“孔子梦见周公”这类梦才叫“正梦”。

“噩梦”中的“噩”被郑玄看作是“愕”的通假字，“愕”是惊愕的意思，“噩梦”就是因惊愕而梦或者梦的内容使人惊愕。人们阐释噩梦这个概念时，会将它与“愕梦”对等，宋代范成大有“早晚北窗寻噩梦，故夜含笑老榆枌”，清代钱谦益亦有“愕梦缠绵尚记存”，都是“噩梦”“愕梦”对等的表达。

不过，后世经学家认为这种解释将“噩梦”与“惧梦”相混淆，噩梦固然包含惊愕的成分，但更主要的是指“梦魇”。梦魇者因梦而心惊胆战，已经超出了惊愕的程度，可能已经受到了严重的精神创伤。

郑玄认为“思梦”指的是“觉时思念之而梦”，通俗地说就是日有所思、夜有所梦，而且可能梦中还含有思念的成分。这类梦因其充沛的感情色彩而成了历代诗文中的常客，无数思乡梦、思贤梦、思亲梦从文人们的笔端涌出。孟浩然有“云山阴梦思”之句，韩翃亦有诗云“天外铜梁多梦思”，思梦范围很广，思念用情的角度也很多。

郑玄对“寤梦”的解释比较玄妙，认为是“觉时道之而梦”。唐代贾公彦进一步解释说，“寤梦”不同于“思梦”之处，在于它不是凭空思念而成的，而是由醒时所见、所言而生成的。不过，也有人认为“寤”指的是睡眠到觉醒的中间状态，“寤梦”更像是“昼梦”或者“白日梦”，汉武帝《悼李夫人赋》中“观接狎以离别兮，宵寤梦之芒芒”写的就是这样的梦。

“喜梦”和“惧梦”两个概念相对比较简单：“喜梦”不仅指“喜悦而梦”，也指梦境使人喜悦，美梦、甜梦、绮梦、偿梦、爽梦都属于喜梦；“惧梦”不仅指“恐惧而梦”，也指令人恐惧的梦，惊梦等也属于惧梦。

◎ 杜甫梦李白图

总体看，宋代理学家的占梦理论整体特征，是从天人关系的角度来说明梦占的吉凶。无论是王昭禹、吕祖谦、朱熹，还是王叔晦、辅广，他们都认为梦是人的精神与天地阴阳的流通，宋人对占梦术没有兴趣，在将梦提升到天人之际的高度时，也没有具体的论述说明。

《周礼》中的“六梦”是目前可见的中国古代最早对梦的划分方法，是周代占梦官们实践经验的结晶，主要根据的是梦的内容和做梦者的心理特征。虽然占梦官号称“以日月星辰占六梦之吉凶”，但为了追求更高的“占验成功率”，他们已经不自觉地开始对做梦者进行“心理分析”，这是《周礼》“六梦”最启迪人心之处。后代经学家们披肝沥胆地探讨“六梦”，却往往囿于成规而难有大成。

汉代以后，占梦理论渐渐突破对《周礼·六梦》的阐释，众多占梦书的出现更是提升了占梦理论的发展速度，新的理论体系应运而生，与原有的“六梦”体系相辅相成、并驾齐驱。

理论的基石——王符的《潜夫论·梦列》

两汉最具代表性的梦学理论来自东汉王符所作的《潜夫论·梦列》，这篇文章里王符总结了占梦的基本原则：

◎ 王符像

夫占梦必审其变故，审其征候，内考情意，外考王相，则吉凶之符、善恶之效，庶可见也。

王符认为，掌握发梦前的种种变化、了解具体的梦境梦象、搞清做梦者内心的感情和欲望、把握发梦时的时令气节，以及五行相生相克的情况，就可以占断梦的吉凶。文中指出，梦象凶吉的一般标准是：凡梦象清洁美好、整体上呈现“光明温和，升上向兴之象”的属于吉梦；凡梦象秽臭污浊、整体上呈现“解落坠下，向衰之象”的属于凶梦。

《潜夫论·梦列》篇中最有价值之处在于提出了经典的“十梦”说，“十梦”说大大拓展了《周礼》“六梦”说，为汉代至今梦的类别研究奠定了良好的基础：

凡梦：有直、有象、有精、有想、有人、有感、有时、有反、有病、有性……先有所梦，后无差忒者，谓之直；比拟相肖，谓之象；凝念注神，谓之精；昼有所思，夜梦其事，乍吉乍凶，善恶不信者，谓之想；贵贱贤愚，男女长少，谓之人；风雨寒暑，谓之感；五行王相，谓之时；阴极即吉，阳极即凶，谓之反；观其所疾，察其所梦，谓之病；心情好恶，于事有验，谓之性。凡此十者，占梦之大略也。

“直梦”就是直应之梦，梦兆与现实的人、事完全契合。

《左传》中记载，周武王后妃邑姜怀太叔时，梦见天帝告诉她："给你的儿子起名叫虞，把唐地封给他。"结果太叔出生时，掌纹中竟有一个"虞"字，于是就以此为名，后来成王灭唐后还把唐地封给了他。这个梦有很强的神道设教思想，是标准的直应之梦。

"象梦"就是象兆之梦，梦兆是人事的象征，梦里的景象与人事间可以找到某种相似关系。《诗经》中有诗句表明，梦见熊罴为生男之兆，梦见虺蛇为生女之兆，梦见鱼多为丰年之兆，梦见旐旟将人丁兴旺，这类梦例就是象兆之梦。

◎ 唐叔虞像

"精梦"可能来源于《吕氏春秋·博志》中对孔子、墨子梦文王、周公的评价。"精而熟之"，"凝念注神"，梦因精神执着专注而成，这揭示的是梦的心理内因。后来文学作品中将"精梦"演绎成因为至情至性而做到"梦中身，人可见"，这就难免有牵强附会之嫌了。

"想梦"是记想之梦，与"精梦"一样都是在阐释梦的心理内因。与《周礼》中的"思梦"类似，想梦说的是日有所思夜有所梦。而王符自己解释时所说的"乍吉乍凶，善恶不信"就是对"想梦"的一种占断。可以看出，"想梦"占断起来难度大，吉凶不确定，善恶应验也不确定。

"人梦"是人位之梦，这是从占梦角度出发的概念，认为同样一个事物出现在不同人的梦中有不同的意义。“人梦”虽然有迷信含义，但它关怀到不同生长环境、不同社会阶层的做梦者存在的个体差异，这种关怀本身是科学的。

“感梦”是感气之梦，王符举例解释“感梦”时说：“阴雨之梦，使人厌迷；阳旱之梦，使人乱离；大寒之梦，使人怨悲；大风之梦，使人飘飞。”仔细看梦例可以发现，风雨寒暑对梦者来说都属于外感，感梦实际是《黄帝内经》中“浮邪发梦”的具体化，涉及梦的生理和病理原因。

“时梦”是应时之梦，“春梦发生，夏梦高明，秋冬梦藏熟”，四时由五行推移与王相变化而成，不同的季节常有不同的梦象。四时季节变换也是一种外感，与“感梦”类似，“时梦”也是“淫邪发梦”的具体化。

历代诗词中有很多关于四时梦境的描绘。唐代许浑有诗曰：“如何一花发，春梦满江潭。”宋代陆游诗云：“梦到画堂人不见，一双轻燕蹴筝弦。”唐代杜牧诗曰：“孤鸿秋出塞，一叶暗辞林。”宋代方岳也有词曰：“群山如画，一一琼瑶琢，中有玉田三万顷。”

“反梦”的说法到今天仍然很流行，阴阳“造极相反”，梦象就有可能是人事的反兆，占梦时可以从梦象反面来占断吉凶。《左传》中记载，晋文公在晋楚城濮大战的前夜做了一个看似很不吉利的梦，他梦到楚王伏在他身上吸吮他的脑髓。城濮之战最终以晋国大胜结束，这个梦就成了反梦的典型。占梦家往往需要灵活占梦，“反梦”是他们自圆其说的一大法宝。

“病梦”是病气之梦，其概念来源于《黄帝内经》。王符所举的梦例是：“阴病梦寒，阳病梦热，内病梦乱，外病梦发；百病之梦，或散或集。”病梦的占断与前面各类梦的占断有比较大的区别，它是占梦的旁支，相对而言有更深层次的医学理论支持，各类病梦均可与一定的病理原因相对应。

"性梦"指的是"性情之梦"，是说人的心情会影响占梦的结果，要依据做梦者不同的禀性和心情来占断梦的吉凶，这类梦同样涉及梦的精神心理原因和做梦者的个体差异。

王符在《潜夫论·梦列》中总结时说："凡此十者，占梦之大略也。"王符的"十梦"理论相对《周礼》"六梦"说更加系统详备，在以占梦为理论基础的前提下，"十梦"中相当一部分类别都体现出科学性、合理性，这点难能可贵。后代学者认为，王符的"十梦"理论不只可以称为"占梦之大略"，更可以称为"析梦之大略"。

占梦理论在王符以后相当长的一段时间里，都没能获得突破性进展。直到一千五百年后，明代杂学大师陈士元异军突起，集众家之观点而成一家之言，改写了占梦理论发展史。

理论的巅峰——陈士元的《梦占逸旨》

陈士元不是占梦家，他八十二年的人生中从来没有占过一个梦，但他却是中国占梦史上值得大书特书的人物，他的《梦占逸旨》是古代占梦文化的集大成之作。陈士元所记下的各类梦例、构建起的占梦哲学体系和归纳出的梦的分类方法，都称得上是古代梦学理论发展的最高峰。

要关注陈士元的占梦哲学首先要看他对梦本质的理解，他说：

魂能知来，魄能藏往。人之昼兴也，魂丽于目；夜寐也，魄宿于肝。魂丽于目，故能见焉；魄藏于肝，故能梦焉。梦者，神之游，知来之镜也。

藝海珠塵　子部五行家
南滙　吳　省蘭　泉之輯
華亭　王　襄鑣　嗣群校
夢占逸旨
陳士元纂　仕履已見
自序
嘉靖壬戌之秋八月既望陳子坐蒲陽軒中睇月色之
漸高忻桂華之始放感盈虧之轉轂念榮瘁之循環於
是舉酒命酌興發成酣枕簟載清隤然就寢夢皓眉之
老叟披霞服而降庭授予一函金文眩目宛科斗之古

◎《梦占逸旨》首页书影（部分）

这段话中的真正核心就是最后一句，“**梦者，神之游，知来之镜也**”，陈士元强调魂离身而魄犹在，而且认为梦就是窥见未来的一面镜子。

作为明人，陈士元实际上继承了宋代理学家以天人感应说明梦的传统，他致力于深入探索和论述这一观点，因此在他笔下有很多因果报应类的梦例记载，与宋人一样，他的理论中也有很多赤裸裸的神道设教成分。

陈士元占梦哲学的亮点，在于将梦作为“知来之镜”的解释，他认为“**世变无恒，几则先肇**”，世界上任何事物的变化都会有某种先兆或者端倪，梦就是这种先兆；梦之所以可以占断，是因为天地本身就有凶吉之梦，并且要以此来感化人。这些观点带有很强的创造性，甚至离今天的认识也并不遥远，但陈士元最后还是绕回到了占梦这个传统上。

《梦占逸旨》中，陈士元综合历代诸家梦说，根据发梦的不同原因、梦象与梦兆的不同关系将梦归纳成九大类：

感变九端，畴识其由然哉？一曰气盛、二曰气虚、三曰邪寓、四曰体滞、五曰情溢、六曰直叶、七曰比象、八曰反极、九曰厉妖。

“气盛之梦”主要指因“邪气盛”所导致的十五种梦象，其中囊括《灵枢·淫邪发梦》《素问·脉要精微论》等多篇典籍中对于梦的论述，其主体是上章中已经提到的《灵枢》中的所谓“十二盛”。《列子》中讲“一体之盈虚消息，皆通于天地，应于物类”，当阴气盛时会因梦到洪水而感到恐惧，当阳气盛时会因梦到大火而感到燔爇，而当阴阳两气皆盛时就会梦到生杀大事。

“气虚之梦”指因“正气虚”而导致的十种梦象，其中包括《素问·方盛衰论》中列出的五种脏腑气虚的情况及其相应梦象。《列子》中也讲“以浮虚为疾者，则梦扬”，认为气虚之人的梦象往往较为轻扬。

“邪寓之梦”主要指邪气侵入五脏、六腑、颈项、腿胫、股肱等处所反映出的十五种梦象。《灵枢·淫邪发梦》中讲，邪气侵入肾就会梦到站在水边，侵入肝就会梦见山林树木，侵入项部就会梦见斩首等等。

“体滞之梦”说的是睡眠时身体受到外界物质压阻，导致气滞不通畅时引发的各种梦象。《列子》中讲，系着腰带睡觉就会梦到蛇，有飞鸟衔着头发就会梦到飞翔，这就是“体滞之梦”。实际上，这类梦不只与肉体的知觉凝滞相关，还与心理上的“衍化”有联系。

“情溢之梦”纯粹由心理原因引发，指因七情过度而招致的梦，“过喜则梦开，过怒则梦闭，过惧则梦匿，过忧则梦嗔，过哀则梦救，过忿则梦詈，过惊则梦狂”。

以上五种类型的梦根据是发梦的原因，其中既包括了由生理原因而生的梦，也包括了由心理原因而生的梦，可谓涵盖周全，还兼有较强的科学性。

第六类“直叶之梦”就是王符所说的“直梦”，梦体验在现实生活中直接应验，这类梦多与平时生活有直接关联。

“比象之梦”指的是“缘象比类”而有应验的梦。古人认为“将涖官则梦棺，将得钱则梦秽，将贵显则梦登高，将雨则梦鱼，将食则梦呼犬，将遭丧则梦白衣，将沐恩宠则梦衣锦，谋为不遂则梦荆棘泥途”。可以看出，这类梦象与梦兆之间存在某种关联，比如“棺”和“官”谐音，“登高”和“显贵”性质类似等。

“缘象比类”从周代起就是占梦家的主要谋生方法，人类的梦境很多时候无法直接转化成现实生活，这时附会就在所难免。然而有趣的是，梦这种神奇的事物确实存在着“因衍”变化，有时“缘象比类”确实可以解释一些梦，不能完全将其划为迷信范畴。梦的“因衍”变化恐怕才是占梦家拥有高成功率的“秘诀”吧！

“反极之梦”就是王符所说的“反梦”。人们很早以前就注意到，不少梦象都与现实生活有相反的关系，比如生活中有口舌之争时会梦到歌舞，身体不健康时会梦到痊愈，感觉饥饿时会梦到饱腹，白衣守孝时会梦到身着靓丽的服饰。现代心理学家认为，“反梦”的出现多与心理上惴惴忧虑、急于摆脱困境的强烈愿望有关系，确有一定的科学依据。

以上三类梦是根据梦象与梦兆的关系形成的，其大旨在王符“十梦”说中已基本成型，陈士元总结出来显得更加简洁严谨，而且还能自觉注意到占梦迷信外衣下的科学内涵。

最后一类“厉妖之梦”本身是典型的神道设教，指的是厉鬼、妖魔作祟而生成的梦。不过，陈士元的解释中还是能体现较强的科学意识。他认为，之所以常做“鬼梦”是因为自身“志虑疑猜，神气昏乱”，“志虑疑猜”用一句俗话代替就是“疑心生暗鬼”，“神气昏乱”则近似于现代医学中所谓的“神经衰弱”。

陈士元是古代最名副其实的占梦理论家，但他的“九梦”

说中绝大部分都有一定的经验根据和科学内涵，绝不仅仅是占梦家坑蒙拐骗的道具。当然，“九梦”说本身仍然存在着分类标准不统一等问题，但在心理学并不发达的中国古代，能提出这样的理论已经难能可贵了。

理论的补充——梦海拾遗

陈士元整理编著的另一部梦学巨作是《梦林玄解》，这是一部标准的占梦家辞典。后来，明代学者何栋如在重新整理这部书的过程中，再次对西周以来的各种梦分类进行了梳理和改造，并且在《梦林玄解·叙》一文中提出了“十五梦”说的观点：

黄帝首著《长柳图经》。夏后作致梦，商人作觭梦，有周取咸涉，是谓三梦。三梦之别，曰正梦、曰噩梦、曰思梦、曰寤梦、曰喜梦、曰惧梦，是谓六梦。六梦之变，有直梦、有象梦、有因梦、有想梦、有精梦、有性梦、有人梦、有感梦、有时梦、有反梦、有藉梦、有寄梦、有转梦、有病梦、有鬼梦。

◎ 何栋如在潭畔筑园讲学

何栋如以上古三法为依托，从《周礼》六梦出发，主要沿用了王符的“十梦”说，并增补了晋代乐广提出的“因梦”和“想梦”，以及陈士元的“鬼梦”，自己原创了“藉梦”“寄梦”“转梦”三个新类别。

“藉梦”就是现在所说的托梦，即第一章中提到的神明或先祖入梦。神道设教者往往以此论证鬼神显灵，“神灵昭现，英魂吁诚”。《左传》记载，楚国子玉“自为琼弁，玉缨”，梦见河神对他说：把这些东西送给我，我赐给你一片土地。这就是河神藉梦与子玉对话。

陆游《老学庵笔记》记载，李知几年幼时曾祈梦于梓潼神，结果梦见自己到了成都天宇观，有道士指着织女支架石对他说：“以是为名，则及第矣。”于是改名为石，字知几，后来果然高中做了大官。

《明史·颜含传》记载，颜含的兄长颜畿因服药太多而毙，家人迎丧时旐幡缠在树上解不开，引丧者绊倒在地，颜畿托梦给弟弟说：“吾寿命未死，但服药太多，伤我五脏耳。今当复活，慎无葬也。”灵柩回家后他又托梦给妻子说：“吾当复生，可急开棺。”开棺后发现颜畿果然还有气息。后经颜含等人精心服侍得以生还。

“寄梦”是“他人之梦忽见诸我，己身之梦反见于人”的意思。这类“臣有忠良，主得之梦；子有贤贵，亲得之梦”的梦例很多，梦的内容无论怎样离奇，实际还是以做梦者为中心的。梦中出现他人，是因为做梦者在生活中与这个人有直接或间接的联系。即使梦中之事与他人有关，也只表示做梦者对这个人的期望或者预想罢了。

“转梦”是指梦中原来的情节突然中断而发生转换，“日出忽雨，笑者随泣，方登山而泛舟，顷立地而升天”，这些都是“转梦”。王符曾讲过“一寝之梦，或屡迁多化”，大致就是“转梦”的意思。根本上说，转梦是由做梦者自身心态不稳定造成的，与其意识或潜意识中的矛盾相关。

另外，初唐时期的杨上善在《内经》的注释本《黄帝内经·太素》中所提出的“三梦”说也具有一定的影响力。他认为梦可以分为“征梦”“想梦”和“病梦”：“人有吉凶，先见于梦，此为征梦也”，“征梦”的概念出自传统的占梦体系，是杨上善对排斥吉凶占断的《内经》的一种补充；“思想情深，因见之于梦，此梦为想梦也”，这里的“想梦”吸收“六梦”说、“十梦”说等观点，泛指一切由心理原因造成的梦；“因其所病，见之于梦，此为病梦也”，“病梦”本就是《内经》的固有内容，这里泛指一切由生理原因造成的梦。杨上善的“三梦”说体系简单、涵盖面广，是简要阐述梦类的最佳版本。

众所周知，佛教文化是中国文化宝库中的一个重要组成部分，谈及梦的分类时我们不得不提它一笔。佛教起源于印度，由于宗派和传授不同等原因，现在的佛教文献中分别有“三梦”“四梦”和“五梦”之说，另外同为“四梦”“五梦”又有不同类别之分。比如《善见毗婆沙律》中认为梦有四种，分别是“四大不合梦”“先见梦”“天人梦”“想梦”；而《三藏法数》中也认为梦有四种，但分别是“无名习气梦”“善恶先征梦”“四大偏增梦”和“巡游旧识梦”。这些分类无疑都同佛教的教义有密切的关系，这里我们只做简要叙述，后面讨论梦与宗教的关系时还会具体介绍佛教中的梦说、梦的分类情况以及有关梦的故事。

在20世纪初出土的《敦煌梦书》中，梦的分类体系与传统模式有一定的区别。《梦书》中将梦分为十八类，分别是天文章、地理章、山林草木章、水火盗贼章、官禄兄弟章、人身梳镜章、饭食章、佛道音乐章、庄园屋宅章、衣服章、六畜禽兽章、龙蛇章、刀剑弓弩章、夫妻花粉章、楼阁家具钱帛章、舟车桥市谷物章、生死疾病章和丘墓棺材凶居章。很明显，这样的划分方式更有助于读者的查找读取，也是解梦书中划分梦的类别的根本出发点。

◎ 敦煌遗书残片

除了上面已经讲到的梦的类别外，还有一些类型的梦也常见于古文献的记载中。夫妻、母子和知交之间总会产生一种默契，与之相关的梦包括两人彼此相梦的“互梦”、两人同做一梦的“同梦”；做梦者有时可以知道自己在做梦，这种梦叫“醒梦”；做梦者处于昏迷状态时会产生幻觉，这其实也是一种梦，姑且可称之为“昏梦”；有时候一些梦我们做过了还会再重复，这种梦叫“重梦”；有时候做的梦是以前做过的梦的延续，这种叫“续梦”。

采百家之长——当代梦的分类论说

纵览中国古代的占梦理论发展史，梦的分类和占断尽管繁冗复杂，但无外乎自然社会、生物人事这个大范畴。为了更加清晰地呈现梦的类型和占梦的特点，当代学者根据梦象的不同，将梦分为天体、日月、气候、地理、动物、植物、人身、衣食、器物等十类，对各类梦象的吉凶都进行了总结。

天体就是梦见天象或者升高登天，这类梦多占为吉梦。汉光武帝刘秀未登基前曾梦见自己乘龙上天，晋人陶侃曾梦见自己“生八翼”而飞上八重天门，北宋韩琦曾梦见自己一再地以手捧天。刘秀后来登基为帝，陶侃官运亨通，韩琦做了宋英宗在藩邸时的老师。不过，如果梦见天压在自己身上或者背着天子登天就是凶兆了。

在古人眼中，日月分别代表了至阳和至阴，凡是梦见日月的一般也都是吉兆。汉武帝的母亲王夫人、孙权的母亲吴国太、辽太祖母亲萧氏等都曾梦见太阳入怀，她们的儿子后来都做了皇帝；阚泽十三岁时梦见自己的名字映在月亮上，范纯仁出生那天他的母亲梦见儿子从月亮上掉落下来，这两个人后来都成了名医。

◎ 闪电

自然界的气候同样会入梦，陈士元认为“风雷为号令，雨为恩泽，瑞星、彩云、电火为文明，冰泮为婚媾之期”。宋代名臣宗泽的母亲生他前一晚曾梦见天上雷电大起，闪光照了她一身；南北朝才子徐陵的母亲临产时梦见五色彩云化为凤凰，飞到她的左肩上。梦中气象也多有凶兆，比如夏代暴君夏桀就曾梦见黑风吹破了自己所居住的宫室，他后来有亡国之祸。

地理方面比较复杂，山陵楼台都是自然之象，但因梦境而预兆各异。传说尧曾经梦见自己乘青龙上泰山，自然大吉大利；而汉武帝夜梦与李少君一起登嵩山，半途遇一使者乘龙而下，言“太乙君召李少君”，梦醒后武帝就认为此乃凶兆，果然不久后李少君去世；隋文帝曾梦见洪水没城，心里很不舒服，甚至因此迁都，占梦者认为洪水契合了李渊的“渊”字，隋终将被李渊所灭，不久便应验。

很多动物都是人的梦中常客，天上的飞禽、地上的走兽，甚至是想象中的龙凤、麒麟都是古人津津乐道的梦象。龙作为中华民族的古老图腾，在梦中有极高的出镜率，汉文帝母亲薄姬曾梦见苍龙据腹，晋孝武帝司马曜母亲曾数次梦见两龙枕膝、日月入怀，后来生下两位皇子、一位公主。梦龙不仅与帝王有关，还与文人有关，西汉董仲舒也曾梦见蛟龙入怀，后得成《春秋繁露》。

当然，梦见动物并不都是吉梦。《史记》中记载，秦始皇曾梦见自己与海神搏斗，海神如人状，这就是一个凶梦，不久始皇便一命呜呼；前秦世祖苻坚的太庙丞高虏曾梦见神龟对他说："我出将归江南，遭时不遇，殒命秦庭。"这时梦中又有人对他说："龟三千六百岁而终，终必妖兴，亡国之征也。"果然不久后苻坚兵败身死。

除了动物以外，植物也是人梦境中的常客。前面提到过的"太姒梦梓"是典型的吉梦。不过，"竹林七贤"之一的王戎就没有这么幸运了，他曾经梦见有人送他七枚桑葚，放在衣兜里面。桑、丧同音，这个梦被看作大凶之梦。果然，自此王家丧事不断，前前后后总共有七位亲人离世。

有关人身的梦都很有意思。据说梦见引剑断头就将有禅位之事，五代时南唐烈祖就因此禅位给了自己的儿子李璟；汉代郑玄学于马融三年无成，离开马家的路上他经过一树，靠在树上假寐时，他梦到一个老者用刀剖开他的心脏，说："子可以学矣。"于是他又回到马融处继续学习，终成一代大儒；唐高祖李渊曾经梦见自己全身被虫蛆所食，古人认为这也是吉梦，是"众生共仰一人活"的象征。

衣食之梦也是精彩纷呈。据说，梦见穿白色衣服大吉大利，穿青色衣服会得官，穿绿色衣服妻子会怀孕；梦见吃龙肉会生贵子，吃牛肉有大忧，吃猪肉有口舌之祸，吃野兽之肉则家破，吃狗肉就会灭亡。宋代有个妇人李氏因不堪婆婆虐待意图自杀，昏沉之际梦见有一神人让她用玉箸吃了一碗美羹，并对她说不要死、你会生下佳儿，果然李氏的儿子邵雍后来成了大哲学家。

◎ 邵雍像

器物之梦囊括的物品种类很多，包括梳境、刀剑、弓弩、家具、钱帛、舟车、冢墓、棺材等。南北朝时期医药家陶弘景的母亲怀他时梦见两个天人手执香炉降落室中，后来陶弘景成了道教中的著名人物。古人认为“棺”“官”同音，凡梦见棺材都是官运亨通的吉兆。《定命论》记唐代的高适曾经梦见大厅上堆了很多棺木，其中有一个极为宽大，他就爬了进去，后来高适历任官职都很宽漫闲散，正应了梦中宽棺之兆。

中国古人认为占卜术中龟卜、蓍筮都属身外之占，只可据以预测荣枯得失；而梦发乎精神、是睡眠中人们一种特殊的心理体验，是人神或人鬼的一种交流方式，所以历来都非常重视梦的占断。《汉书·艺文志》曾概括说：“众占非一，而梦为大。”

《周礼·春官·占梦》中记载上古占梦官的职责时说：“季冬聘王梦，献吉梦于王，王拜而受之。乃舍萌于四方，以赠噩梦，遂令始难驱疫。”这说明占梦官的主要任务是宣扬那些吉祥如意的梦，攘除人们对噩梦的恐惧。那么，中国古代有哪些著名的占梦家，他们都使用过怎样的占梦术，又都有着怎样的骄人成绩呢？

第三章

审测而说，实无书也——占梦实践谈

第一节 “道貌岸然”
——占梦家与占梦书

先秦两汉的占梦家与占梦书

在中国古代，巫咸是最早的占梦者。《山海经》中将巫咸称作史前时代的巫神，《尚书·君奭》中的巫咸是殷王的神职人员。不过除这些外，历史文献中就再难找到关于巫咸的记载了。虽然《周礼》中明确规定了占梦官的职责，但西周一代并没有丰富的文献材料作支撑，很难找出一两个真正出色的占梦官。占梦家大显身手的日子要推迟到春秋时期了。

春秋是一个变革的时代，西周初年建立起的礼乐制度在这时已经山穷水尽，但是占梦文化并没有随之停下脚步。相反，随着占梦人群的不断下移和社会动荡的加剧，占梦在这时期的文献里显得异常活跃，不仅天子诸侯沉迷于占梦，连小老百姓适逢奇怪的梦也会占一占。

春秋时代延续上古巫史不分的传统，很多史官兼具巫卜之职，其中在占梦领域表现最突出的当数晋国大夫史墨。史墨姓蔡，名墨，官至太史，是春秋末期的思想家，长于天文星象、五行术数，以及占筮问卜。

《左传》记载，公元前五一一年十二月初一辛亥日，这天

◎ 史墨答赵简子

正逢日食，天亮之前，赵简子梦见一个童子光着上身边打转边唱歌。他醒来后觉得奇怪，便请石墨来占断吉凶。史墨说："六年后的这个月，吴国会进犯楚国的郢都，侵犯郢都的日子必会是庚辰日，因为在那一天日月正运行到东方苍龙宿的尾宿位置；虽然日食是在十二月初一发生的，但太阳从十月十九庚午起就开始发生变化，由于五行中午火能克庚金，故而断定吴国拿不下郢都。"

不同于众多含糊其词的占释，史墨的这一段真可谓极尽翔实之能，时间、地点、事件、结果均一一阐释清楚，一段话就展现出卓越占梦家的强大自信。当然，六年后一切都如史墨所言，他所预测的事一一应验。

史墨占梦的玄妙之处在于"以星占梦"，这种方式相当复杂，需要强大的天文五行知识底蕴。史墨占"裸童唱歌"之梦是目前可以看到的最详尽的一次"以星占梦"。可能因为此法要求过高、难度太大，后世占梦家都很少使用。

除了史官有占梦之能外，很多近臣、名臣都有过出色的占梦表现。由于常年跟随君王左右，为主子解答做梦时遇到的疑惑是他们的职责。这方面表现得最抢眼的是齐国名臣晏婴，在《晏子春秋》中有不少关于他的占梦故事。

有一次，齐景公执意攻打宋国。军队经过泰山时景公做了一个梦，梦见两个男子对着发火，而且怒气很盛。景公醒来后感到十分惊恐，连忙召来占梦官，占梦官说："这是因为大军经过泰山没有祭祀，泰山之神发怒了，您召集祝史祭祀泰山就行了。”

◎ 晏婴见齐景公

第二天，晏婴来见景公，景公告诉他这件事。晏婴对景公说：“占梦官把您的梦占错了，您的梦里可不是泰山之神，而是宋国的祖先汤和伊尹啊！”景公不相信晏婴，晏婴进一步解释说：“您怀疑我说的，不妨听我说说汤和伊尹的长相：汤身材高大，皮肤白皙，仪表堂堂；而伊尹身材矮小，皮肤黝黑，身胖腿短。他们是不是和您梦中的两人一模一样呢？”

景公一听果然分毫不差，赶忙问此梦缘由。晏婴说：“汤和武丁都是圣德之君，不应当无后，现在殷人后代只剩下宋国，您还要去征伐它，汤和伊尹怎能不发怒？这是神明下旨让您撤军呢，您若是执意不撤，恐怕会遭天谴呀！”景公经不住晏婴这种连敲带打地吓唬，终于撤军回国，一场生死存亡的恶战就这样被晏婴的占梦巧妙化解了。

晏婴不仅用占梦影响军国大事，还帮景公解疑心病。有一次景公连着生了十几天病，他梦见自己和两个太阳搏斗，力战而不能取胜，醒来后就觉得自己此命休矣。结果请来的占梦官也胆怯，不敢轻易占断，要求查看占梦书。

这时，晏婴站了出来，他对占梦官说：“你不用查书了，景公本来就不是大病，你对他说，疾病属阴、太阳为阳，两阳一阴相搏，阴败而阳胜，阳胜而病愈。”果然，占梦官照此占断后三天，齐景公就痊愈了。

这个占例中，晏婴的胜算在于他熟知君王的身体状况，精妙之处在他说出了令人信服的释梦之词。

春秋末期,民间占梦家出现了,这些“独立占梦师”的问世,说明占梦文化已经呈现出明显的下移趋势。公孙圣是这批先行者中的佼佼者,但他的故事却是一个占梦家的悲剧。

◎ 公孙圣像

据《越绝书》记载,吴王夫差在灭掉越国后一直过着骄奢淫逸的生活,一天晚上他梦见三只黑狗南北嚎叫,炊甑中没有烟气冒出。醒后就召集群臣解梦,群臣都不知其意。夫差听说民间有个叫公孙圣的,很会占梦,就派人去请公孙圣来解这个怪梦。

公孙圣闻召就与妻子诀别,他说:“吴王因噩梦召我,我不能昧心,直言必被诛。”进宫后,公孙圣听完夫差的梦,沉思片刻说:“狗嚎叫是因为宗庙无主,炊甑无气说明宫中主人已经不在,这都是亡国之兆。”夫差听后大怒,立斩公孙圣。不久后,越军压境,夫差这才悟到公孙圣冒死释梦的真正意图,可惜为时已晚,最后只落得拔剑自刎的下场。

经历了春秋这个占梦家的辉煌时代后,在百家争鸣的战国时期,占梦没能延续强劲的战斗力,相对其他显学而言,占梦逐渐边缘化。不过这个时代里《黄帝内经》的出现,还是为解答梦的生理原理、占断病梦做出了卓越的贡献。

终两汉四百年霸业,竟没有一个值得入史的占梦家,最出名的占梦者要算是笃信神仙方术的汉武帝,武帝自占之能后世帝王无一能及。不过,两汉占梦史的星光并没有因为占梦家的无能而黯淡,因为占梦专著在这个时代里问世了。

西汉以前，古人对于梦象和占梦的记载多见于史书中，都是零篇断简、体系松散，无法构成一个系统。西汉开始占梦专著出现，据《汉书·艺文志》记载，西汉留下的占梦书有《黄帝长柳占梦》《甘德长柳占梦》等。

◎ 汉武帝像

《黄帝长柳占梦》在隋朝时就已经亡佚，现在只能从其他文献的载述中寻觅它的痕迹。可以肯定的是，此书托名“黄帝”，成书在西汉，“长柳”是古代一种占梦推演的方法，明代以前业已失传，原书中的占梦故事包括了黄帝梦得风后、力牧等。

现在可以找到的《黄帝占梦》中的另外一个故事，记载在唐代的《法苑珠林》中。梦的内容是舜的父亲梦见一只凤凰，它自称为鸡，口中衔着米哺育自己，并且说鸡是它的子孙。《黄帝梦书》占此为“**子孙当有贵者**”之兆。

甘德是战国中期的占星家和天文学家，《史记·天官书》中提到过他，并说他是齐国数一数二的天文学家。《周礼》在对占梦下定义时认为其主要方法是占星，甘德可能兼长于占星和占梦。

《甘德长柳占梦》应是汉人假托甘德之名而作，主要内容可能是以占星法占梦以断吉凶。这部书经历汉末战火后就已亡佚，现在连一条佚文都无法找到。明代的《梦林玄解》中虽

◎ 甘德像

然留存了所谓的《甘德时令干支休咎图》，但其中佛教思想鲜明，应为后期文献，不大可能出自《甘德长柳占梦》一书。

另外，据《隋书·经籍志》记载，西汉易学大师京房著有《占梦书》三卷，这部书直到明代仍有辑录，可惜明代以后亡佚。京房极擅《易经》预测之学，同时擅长占梦之术并著有相关文章当在情理之中。

三国两晋南北朝的占梦家与占梦书

在经历了汉代的低潮期后，占梦家在三国两晋南北朝这段乱世里再一次焕发了青春，这个时代占梦家们的经历比之以往任何时候都更加具有传奇色彩。

周宣是三国时期魏国最著名的占梦家，他字孔和，是山东乐安人。据《三国志·魏志》记载，周宣出自民间，终生以占梦为职业，他灵活善辩，占梦的成功率能达到“十中八九”。

周宣成名很早，东汉末年太守杨沛曾经梦见别人对他说：“八月一日曹公当至，必与君杖，饮以药酒。”杨沛不解此梦之意，请周宣为他占梦，周宣根据当时黄巾军起义的时局占断说：“夫杖起弱者，药治人病，八月一日，贼必除灭。”果然，不久后黄巾军被灭。

慢慢地，周宣占梦的名声传到了魏文帝曹丕耳中，曹丕并不相信,他将周宣召进宫中想试一试他的功夫。他对周宣说:“我梦见殿屋上双瓦坠地,化为两只鸳鸯,不知是什么兆头?”周宣回答说:“鸳鸯象征青年男女,殿屋象征皇家后宫,两瓦坠地必碎象征死亡,我断定后宫会有人暴死。”

曹丕听完后得意地说:“刚才是我编的一个假梦。”周宣不慌不忙地说:“夫梦者意耳,苟以形言,便占吉凶。”话未说完,黄门令便奏告曹丕宫人相杀,曹丕只好服气。

他接下来问周宣:“我昨夜梦见青气从地下直冲天上,不知何意?”周宣回答:“青气为贵女子的象征,青气升天是死亡之兆,此梦预示天下当有贵女子冤死。”当时,曹丕刚刚下旨要赐死皇后甄氏,还未行刑。

周宣所占最令曹丕服膺的是“磨钱之梦”,曹丕有次问周宣:“我梦见自己在摸钱币,想把钱上的文字磨掉,可钱纹反而更明显了,这是何意呢?”周宣闻言不语,曹丕见此情景不断追问,周宣才说:“这是陛下您的家事,您想做的事情太后不同意,所以才会有钱纹越磨越亮的梦象!”

当时曹丕正想着给弟弟曹植找个罪名,可是由于太后坚决反对而难以如愿。周宣抓住他这番心理,把占断讲到了他的心坎儿里,不仅说得曹丕心服口服,还给自己赚来了中郎之职。

除了为曹丕占梦外,周宣“三占太史刍狗”的故事也很有名。有一次太史骗他说:“我昨夜梦到刍狗。”周宣明知太史骗他,还镇定自若地说:“您将有一顿美餐。”结果应验。过了几天,太史又骗他:“我昨夜又梦到刍狗了。”周宣再占:“您要小心从车上摔下来跌断腿骨。”结果又应验了。太史还是不甘心,他第三次对周宣说:“我昨夜再一次梦见刍狗了!”周宣照占不误,他说:“这次可是大事不好了,您家里要失火啦!”果然周宣这次又料中了。

三次之后，太史扛不住了，他对周宣说："我这三次梦都是编的，而且梦象全一样！你怎么能占出三个结果，还都能应验呢？"周宣笑着解释说："这是神灵驱动您说出的话，梦到与否又有什么关系？刍狗是祭祀之物，初次梦到应得美食；祭祀后刍狗将被车轮所碾，二次梦到为断脚之兆；刍狗被碾过后必将被柴火烧掉，三梦必有家中失火之忧啊！"

周宣善于将象征与推测运用到占梦中，灵活的占梦术让他在魏国宫廷游刃有余。《隋书·经籍志》记载周宣也曾著有《占梦书》一卷，唐以后将其称为《周宣梦书》。这部书现在虽已逸失不全，但由于唐宋类书和明人著作中的经常辑录，还是可以找到其中一些占辞。

《太平御览》引《周宣梦书》曰："**鹦鹉为亡人居宅。**"即鹦鹉是凶兆，如果梦见鹦鹉就会有人去世；如果梦见鹦鹉栖在堂上，那去世的人就可能是豪贤。《梦占逸旨》引《周宣梦书》曰："**榆为人君之德，至仁也。**"这里榆树是吉兆，梦见采榆树叶是受恩赐之兆，梦见居住在榆树旁就会得到显达的官职。

三国时期的赵直是豫章人，不同于周宣民间占梦家的身份，他是蜀汉的官方占梦官。据《三国志·蜀书》记载，赵直主要活跃于后主刘禅时期。

诸葛亮最后一次出祁山时，前锋魏延梦见自己头上长角，找赵直来占断。赵直以类比法占曰："麒麟有角而不用，此不战而贼欲自破之象也。"不过，背地里他却用拆字法重新解释说："角字刀上用下，是在头上用刀，其凶甚矣。"不久，魏延便在与杨仪争权时被马岱所杀。

当年，尚书蒋琬曾梦见门外有只鲜血淋漓的牛头，醒来后觉得很郁闷，就找赵直来占断。赵直占曰："见血表示事情分明，牛角及鼻组成一个公字，上面八字像牛头两角，下面厶字像牛鼻之形。您将来必会位列三公，这是大吉之兆！”不久，蒋琬就被任命为什邡令，诸葛亮死后他接任尚书令加大司马，高居三公之位。

成都令何祇曾梦见水井中生出桑树，他醒来后求教于赵直，赵直占断说：“桑树不是井中之物，桑与丧同音，井由四个十字组成，每个十字两笔，合为八笔，看来您寿终于四十八岁呀！”何祇果然死在四十八岁那一年。

三国时期，除了魏国的周宣和蜀国的赵直外，吴国也有一位著名的占梦家叫宋寿。《三国志·吴志》记载“**宋寿占梦，十不失一**”，超高的成功率说明其技艺之精湛。相传，颇具盛名的《周公解梦书》三卷就可能出自宋寿手笔，可惜并没有切实的证据，而宋寿占梦的故事也没能流传下来。

两晋南北朝时期，动荡的社会现实和复杂的政治斗争为占梦文化的发展提供了肥沃的土壤。巧合的是，这时期最出名的三位占梦家刚好分属儒、释、道三派。

西晋敦煌人索紞是博综经籍、知晓天文、精擅术数的通儒。他有个特点，凡是别人来算命他都搪塞妄言、虚与委蛇，但只要是找他占梦的，他必认真对待、来者不拒。《十六国春秋·前凉录》曾说他“**凡所占梦，莫不中验**”，这个评价是前无古人、后无来者的，足见索紞之

◎ 索紞书法

高明。

有一次，孝廉令狐策梦见自己立在冰上和冰下人讲话，醒来后找索紞占梦。索紞占曰：“冰上为阳，冰下为阴，这事有关阴阳。‘士如归妻，迨冰未泮’，这阴阳之事就是婚姻之事。您在冰上与冰下人说话，是男方对女方说，这是媒人的事。您必将为人做媒，等到冰雪消融时婚事就成了。”

令狐策听完后满腹疑问，想着自己这把老骨头还能给谁做媒？岂料就在这时敦煌太守田豹来请令狐策为自己的儿子做媒，向乡人张公之女提亲，不出索紞所料，这小两口正好是在来年仲春时节完婚的。

主簿张宅曾梦见自己走马上山，绕着屋舍转了三圈，只看到一片松柏，却找不到屋舍的门。索紞占曰：“马属离，离为火，火与祸谐音。人上山为凶兆，松柏是墓门的象征物，不知门处表示无生门可走，三周就是三个周期。您三年之后必有大祸呀！”果然，三年后张宅因谋反罪被杀。

族人索充有次梦到天上有两个棺材落在自己面前，索紞占曰：“棺与官同音，当有京师贵人举荐你，见两棺意味着你会被举荐两次。”不久应验。后来索充又做了个梦，梦见一个俘虏脱了上衣来找自己，索紞曰：“虜字去掉上边只剩下面一个男字，这是妻子生男之兆。”果然，索充之妻受孕而诞子。

索紞占梦时所用方法多样，既善于谐音、拆字，又精通象征、类比，可谓是占梦界的全才，他能做到“无占不验”正是拜自己这种博学所赐。索紞还有不少占梦掌故，《晋书》中专门为索紞作传记载了这些神奇的占梦故事。

佛图澄本是西域高僧，西晋怀帝时来到洛阳，广收门徒传授佛法，《晋书》中有他的传记。相传佛图澄“妙通玄术，善解梦”，后赵皇帝石虎曾梦见“龙飞西南，自天而落”，醒来后求教于他，佛图澄占曰："此梦是大祸将至之兆，您的儿子石宣表面孝敬您，但不得不防之。"

◎ 敦煌壁画中的佛图澄故事

石虎不解其意，佛图澄解释说："您胁下有贼，不出十日，自浮图以西、此殿之东，当有血光之灾，您千万不要到东边去。"果然不出两日，石宣派人到佛寺里暗杀自己的父亲。石虎因为佛图澄的占梦而逃过一劫。

南北朝最出色的占梦家是北魏的杨元慎，他曾居住在洛阳，后为北魏大夫。据《洛阳伽蓝记》记载，杨元慎深谙道家哲学，同时通晓占梦之术，当时人们都把他比作三国时的周宣。

孝明帝时，广阳王元渊梦见自己穿着衮衣倚立在一棵槐树旁，醒来后他觉得此梦大吉，就请杨元慎为自己占梦。杨元慎沉吟良久才说："您将得三公之位。"可元渊刚走，他就对身边人讲："衮衣为三公所穿，元渊确能位列三公。可他倚在槐树旁，槐字左木后鬼，元渊恐怕要死后才做得三公了！"果然，元渊生前未能染指三公，直到被朱荣所杀后才追封为司徒。

京兆许超夜里梦见自己因为偷羊而入狱，醒来后觉得很晦气，请杨元慎来占梦。结果杨元慎说："此梦大吉，盗与到同音，羊与阳同音，狱者圜土，为城郭的象征，您将要去阳城做主事啦！"果然，不久后许超被封阳城令。

隋唐以来的占梦家与占梦书

在经历了三国两晋南北朝这个占梦家的黄金时代后，隋唐时期占梦又开始走下坡路，占梦家的身影完全湮灭在正史之中。不过承前代之余绪，隋唐各种野史、杂说中还是能找出一些占梦家的故事。

隋代最出色的占梦家是萧吉，此人为齐梁宗室子弟，中年时入仕北朝而锋芒不减，老年未能守住名节，偃首低眉做了隋帝的弄臣。他聪明博学，尤其擅长于阴阳算术，所著《五行大义》文献价值很高。

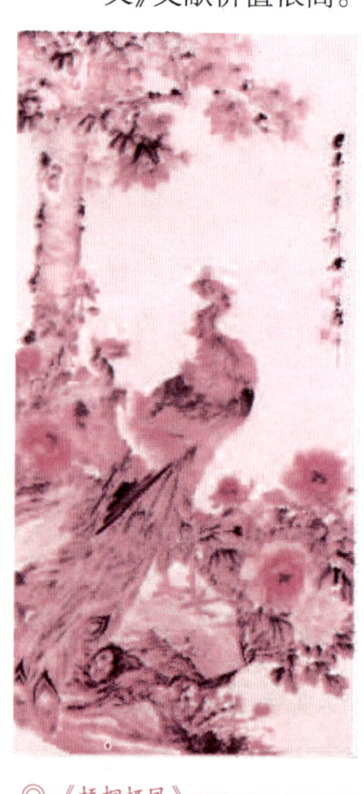

◎《梧桐栖凤》

《太平广记》记载，有人曾梦见凤鸟停在自己手上，醒来后觉得很高兴，只有萧吉认为这是极不祥的梦。结果不出十日，做梦者的母亲就去世了，他伤心之余派人请教萧吉。萧吉说："凤鸟入梦一般都是吉梦，但梧桐是制作丧杖的材料。凤鸟栖在人手说明此人手中必握有守丧之物，由此可知您必有丧事之忧啊！"

张犹是唐代武周时期著名的占梦家。

当年，右丞相卢藏用和中书令崔湜同时流放岭南，行至荆州时崔湜梦见自己在座下边听人讲法边照镜子，梦境甚怪。张犹听说后，私下对卢藏用说："在座下听法，声音从上边传来，恐怕朝廷将有法令下达；镜字左金后竟，金与今同音，今竟就是今天结束性命呀！崔公大难临头了。”很快，御史带着朝令而来，崔湜闻讯自尽。

黄幡绰是唐玄宗时著名的宫廷艺人，很受玄宗宠爱，相传玄宗“一日不见黄幡绰，龙颜为之不悦”。令人意外的是，这样一位艺术大师同时还精通占梦。

安史之乱时，黄幡绰陷落于安禄山叛军之中。一天，安禄山梦见自己的衣袖长得一直拖到阶下，他觉得奇怪，就找黄幡绰来占断，黄曰：“此乃垂衣而治之意，恭喜您要当皇帝啦！”不久，安禄山又梦见大殿窗槅倒立，黄幡绰再占曰：“这是革故从新之意，想必是要改朝换代了！”安禄山听后大悦，还利用这两个梦大造舆论声势。

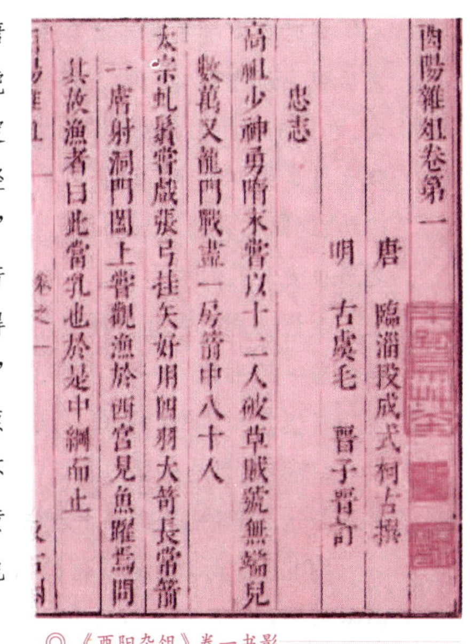
酉陽雜俎卷第一

唐 臨淄段成式柯古撰

明 古虞毛 晉子晉訂

忠志

高祖少神勇隋末嘗以十二人破草賊號無端兒數萬又龍門戰盡一房箭中八十人

太宗虬鬚嘗戲張弓挂矢好用四羽大笴長常笴一膚射洞門闔上嘗觀漁於西宮見魚躍焉問其故漁者曰此當乳也於是中綱而止

◎《酉阳杂俎》卷一书影

后来，安史之乱平定，唐玄宗回京后要问黄幡绰为虎作伥之罪。但见黄幡绰淡定地说：“我当年占梦时就已经知道安禄山没有好下场了！”玄宗觉得奇怪，黄幡绰接着说：“衣袖至阶者，出手不得也；窗槅倒立者，糊不得也。”原来，糊与胡同音，安禄山原为胡人，糊不得就说明他不可能得到天下。玄宗欣赏黄幡绰这番乖巧机智，就赦免了他。

中唐以后，职业占梦家

踪迹难寻，只有一些业余占梦师散见于《酉阳杂俎》《太平广记》等书中。韩泉、梅伯成、杨子董、王生等人都小有名气，均有一两个占梦故事传世。

隋唐两代，占梦书的编写渐成汪洋之势，《竭伽仙人占梦书》《解梦书》《新撰占梦书》《杂占梦书》《梦隽》等书一下子涌现出来，洋洋洒洒、蔚为大观。不过，从内容上看，这些占梦书大多拾人牙慧，用意多在宣扬鬼神迷信，整体质量和价值不高。

五代以后占梦式微，以占梦饮誉者也越来越少。杨廷式和李慎仪二人算得上是五代占梦家中的佼佼者。

杨廷式是福建泉州人，官至吴国侍御史，他“雅善占梦”，是一位小有名气的业余占梦家。

当时有个叫毛贞辅的县令梦见自己将太阳吞进腹中，醒来后腹中还隐隐有余热。杨廷式对他说：“你这个梦做得很大，吞日是帝王之象，怕不是你可以承受的。从实际出发，这梦大概是你将为赤乌场官之兆吧！”赤乌场是用来检阅部队的广场，这同毛贞辅后来的经历相吻合，杨廷式因人而异的占梦之道也受到人们的称赞。

李慎仪是后晋出帝时的大学士。有次出帝梦见一个玉盘里盛着一只玉碗及一条玉带，上面都有碾文，看上去光莹可爱。李慎仪和同僚们占曰：“玉是帝王之宝器，玉带则有誓功之兆，碗和盘都是守器的象征，此乃吉梦。”可其实李慎仪心中并不是这么想的，只是碍于君主颜面，“不敢有他占”而已。

南北宋之际，何遠著有《春渚纪闻》，这部书中记有不少占梦故事。

其中“金甲撞钟梦”讲的是建安人徐国华将入太学前曾梦见高楼上挂着一口大金钟，钟旁有金甲敲钟人边看自己边说:“二十七甲复一击,云系第七科。”徐国华醒来后认定自己必将高中,只是不解二十七甲、第七科为何意。

岂料过了不久,太学生中有传染病出现,徐国华因病而亡。他死后好友董纵举为他收殓安葬,可当时墓园中已是无穴可葬,只好将他落葬在垣外第二十七行第七穴。诡异的是,这竟刚好与徐国华当年所做之梦契合。

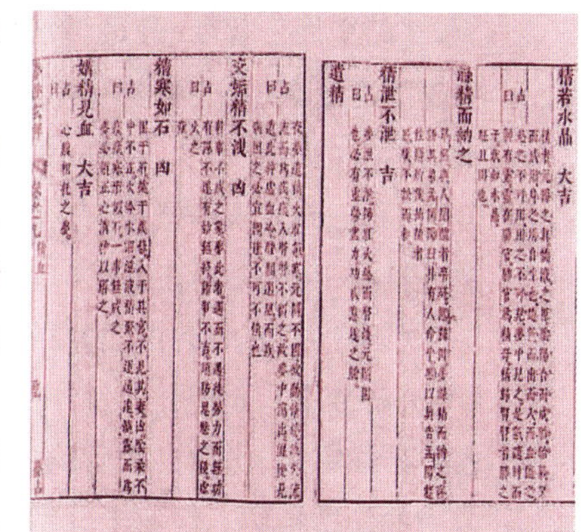
精若水晶 大吉
精泄不泄 吉
遺精
交媾精不泄 凶
精寒如石 凶
媾精見血 大吉

◎《梦林玄解》中的占辞

南宋之后,占梦术就已经是日薄西山、气息奄奄了。不过,此后祈梦、禳梦倒是蔚然成风,也可算是占梦文化的一大旁支余绪了。

明代占梦理论家陈士元所编纂的《梦林玄解》无论从篇幅和内容上都远远超过以往梦书。这部书由何栋如家藏并补辑,全书分梦占、梦禳、梦原、梦论四大部分,其中梦占有二十六卷之多,是古代占梦书中的集大成者。

《敦煌遗书》中的占梦书

清光绪二十六年五月二十六,道士王圆箓在清理敦煌莫高窟第十六窟时,发现墙壁后面有一个密室,洞内满是各种佛教经卷文物,总量达五万余件,其中就包括不少占梦书的抄本。这批梦书真实保留了唐代文献的原貌,对传世文献有很好的补充校对作用。

《敦煌遗书》中的《周公解梦书》是现存最早的版本,这部书相传为三国时宋寿所作。序言首句说“尧梦见身上生毛，六十日得天子”，接着历述舜、汤、周文王、周武王、汉高祖、汉武帝、汉光武帝梦日而得天子之位，最后至三国孙坚。书中对曹魏、刘蜀和隋唐帝王都没有涉及。现在流行的《周公解梦》中的占辞多用韵语，其版本源流与《敦煌遗书》不同。

《新集周公解梦书》是《敦煌遗书》中一个难得的完本，成书时间肯定在《周公解梦书》之后。在敦煌出土前，此书从未在传世文献中被著录。它的序言中提到了“四大立形”“五常养性”和三魂六魄等概念，有很强的三教融合的思想倾向。若据此推测，其成书当在唐代武周统治之后，具体撰者无考。

《新集周公解梦书》的章次文字相当整齐，虽然参录于《周公解梦书》，但绝不是简单的扩充，而是博采众家之长，对占辞严加审核、优胜劣汰后的成果。这部书前十八章与其他梦书的编排相仿。但第十九章《十二支得梦章》、二十章《十二时得梦章》和二十一章《建除满日得梦章》均以时日占梦，这在其他梦书中很少出现，是其一大亮点。

从历代占梦家的故事中不难看出，对于相似内容甚至完全一致的梦，根据不同的时间、地点、人物情况，占梦家往往会得出不同的结论，这种现象源于他们使用的是不同的占梦技法。占梦不是一成不变的科学实验，它的方法极多、途径各异，要想把握占梦的精髓，就要了解古代占梦家们所选用的占梦术。

第二节 从梦象到梦兆
——灵活多变的占梦之术

从科学角度看，梦是人们睡眠过程中的一种心理体验，然而中国古代的占梦家却要将这种心理体验对应到客观现实的层面上去。在这一过程中，他们必然要遵循一定的方法，这就是所谓的占梦之术。如果把占梦比作解数学题，梦象就是初始数据，占梦之术就是解题过程中所选用的函数，梦兆就是运算结果。在初始数据相同的情况下，不同的函数对应不同的结果。

古代占梦术可分为两大类——

一是借助其他占卜方式占梦，包括龟卜法、占易法、占星法、时日法等，它通常只关注梦象中的相关要素，通过要素实现占梦与其他占卜方式之间的转换。

二是通过分析和解释梦象的意义来获得梦兆。按梦象与梦兆的关系，此类占梦术可分为直解、转释和反说三种，其中转释占梦最常见，转释的方法又包括解字、谐音、象征、连类、类比、符号转换等。

触类旁通——借他法以占梦

也许有人要问，占梦本来就是一种占卜方式，为什么还要借助其他方法呢？这涉及梦的神秘性问题。在人类文明的早期，梦的原理成谜，很多梦本身很难被解读。这时候，借助其他较成熟的占卜法，有助于解决占梦时遇到的难题。

事实上，各种占卜方法本来就是可以相互转换的，有时候甚至还必须要互参互用。具体说来，中国古代“借龟卜以占梦”“借占易以占梦”“借占星以占梦”“借时日以占梦”的情况都有出现。

◎ 占梦甲骨

“龟卜法”在殷商时代大行其道，其思想基础是一种灵龟崇拜，古人试图通过龟的灵魂来沟通人神，希望神可以借由龟来预兆吉凶。当殷商人将占梦融入龟卜之中时，占卜变得更加郑重严肃，占卜的结果就拥有了更强的权威性。

殷商人的眼中，梦象根本无关紧要，他们关注的始终是梦发生的原因——究竟是什么鬼魂作祟导致他们发梦。直接由梦对应到具体某一位鬼魂身上，当然困难重重，龟卜能够很轻松地解决这个问题，这大概也是殷商人喜好借占龟以占梦的深层原因。

据占梦甲骨摹片记载，殷代某一年一月的壬子日，贞人宾在问贞：“昨天殷王从外地回来身体不舒服，夜里做了梦，这是不是哪个鬼魂作祟降灾呀？”第一次问贞后，殷王的病并没有好转，于是二十一天以后在甲戌日这一天宾再次问贞：“是不是早先夭折的那个王子的鬼魂在作祟？为那位王子进行一般的祭祀能不能攘除殷王的疾病？还需要进行福祭和册祭吗？”

如果说殷人崇尚龟卜，那周人无疑格外重视“占易法”，占易的基础是神蓍崇拜。同“龟卜法”一样，借占易以占梦并不关心梦象本身，有梦则起卦，既而按卦爻辞来占断梦的吉凶。这种方法名为占梦，实为占易，《梦林玄解》谈到“以易占梦”时说，“以梦之兆，准易之象；取易之占，察梦之机”。

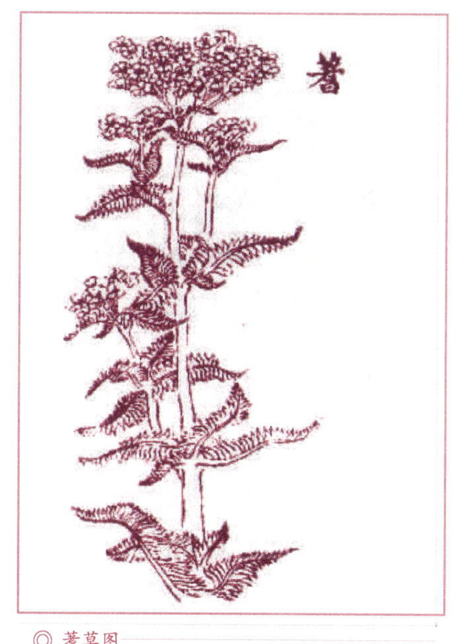

◎ 蓍草图

借占易以占梦的梦例不多，首见于《周易·剥卦》：

初二：剥床以足，蔑(夢)贞凶。

初六：剥床以辨，蔑(夢)贞凶。

“梦贞凶”是占断此梦为凶的意思，如果应用“占易法”时遇到剥卦这二爻，则必占其梦为凶。可见，在这个占断过程中根本不需要讲出梦见什么。即使剥床以足、剥床以辨原先可能来自梦象，但在此处也只作为爻辞存在而已了。

《左传》记载昭公七年孔成子、史朝梦立卫灵公的故事是占梦与占易相参照的经典占例。

卫国大夫孔成子和史朝曾同时梦见卫国始祖康叔对他们说：“要立卫襄公的宠姬婤姶尚未生下的孩子为君王。”在此之前，婤姶已生下了大儿子孟絷，只是腿有点毛病。两人同做此梦后，婤姶便生下了次子元。

卫襄公死后，卫国面临立储的问题，孔成子两次试图用占易来辅助占断梦象：第一次他得到屯卦，第二次得到屯卦变成比卦。根据卦象，史朝分析说：“屯卦的卦辞是元亨利贞，就是说元将会亨通。而且，占筮和梦境相契合的情况周武王也曾经历过呀，所以咱们还是立元好了。”于是，孔成子拥立公子元登基，他便是后来的卫灵公。

◎ 古代星象图

两周时期，尤其是东周以后，“占星术”蓬勃发展。《周礼·春官》中说：“**占梦掌其岁时，观天地之会，辨阴阳之气，以日月星辰占六梦之吉凶。**”这说明，发展到鼎盛时，占星之术一度成为官方的占梦方法，而这一时期恰好与《周礼》的编撰时间相接近。

从《周礼》的记载中可以看出，借占星以占梦大概可以分四个步骤——

第一步“**掌其岁时**”，占梦官要准确把握君王做梦的时间参数，包括年岁、季节、月份、日期和时辰等，这一步非常关键，是整个占梦过程的基础。

第二步“**观天地之会**”，天上的“十二星次”分别对应着地上的周王和各个诸侯国，占梦官要根据君王做梦的时间考察天上星象的流变情况，进而占卜地上某一邦国人事的变化。

第三步“**辨阴阳之气**”，一年四季十二个月、一天昼夜十二个时辰,阴阳二气的上升下降在占卜者的眼中都是吉凶灾祥的征兆。占梦官由此出发,可以借助阴阳五行的理论,占卜君王之梦所关联的邦国及其吉凶祸福。

第四步“以日月星辰占六梦”,“天地之会”与“阴阳之气”都是玄而又玄的东西,只有天上日月星辰的运行变化是显而易见的。借占星来占梦的关键点,就是观察君王做梦时日月星辰的位置和异变,由此预卜未来的人事吉凶,最后根据预卜的结果来占断梦兆的内容和吉凶。

“占星法”需要厚重的天文知识和预测能力,故而虽然一时风光,但相关占例得以流传的很少,前面已经提到的史墨占“赵简子梦裸童”是其中经典。另外一个借占星以占梦的例子有较强的虚构色彩,它记载在《史记·龟策列传》中。

战国时期,宋元王曾梦见一个男子长着长长的脖子和头、穿着玄锈的衣服、乘着辎车,梦中他对元王说:“我是江河使,要到泉阳豫去,可幕网阻碍了我的去路。我在忧患之中不知向谁申诉,听说您有德义,故而特来告诉您。”宋元王醒后不解,就召博士卫平来占释。

卫平听完后起身仰观天象,然后说:“您在壬子日做梦,此时对应宋国的星次在牵牛星的位置上,考虑到天上银河正南正北、地上江河正在汛期,这正是鬼神集会的征兆。南风吹来说明大江的使者到了宋国,天上的白云涌向银河表明使者的去路被挡住,他一定遇到了灾难。穿着玄锈的衣服、乘着辎车正是龟盖的颜色和形状,所以给您托梦的是一只神龟。”

时日本身与占卜无关,但在世俗迷信中日有吉凶、时亦有吉凶。因此凡是祭祀、婚丧、兴土、建屋、远行等都必须选择良辰吉日,以求事情顺遂。这种观念也被引入占梦习俗中,“时日法”成为一种常见的占梦之术,其占断关键就在于,不同时日所做的同一种梦意义不同。

在《新集周公解梦书》的《十二支日得梦章》中出现了以时日对应梦兆的占辞：

丑日得梦者，主财入宅及喜悦。

辰日得梦者，酒肉事，得外财。

未日得梦者，主酒食，喜乐，吉。

申日得梦者，官事，口舌起。

戌日得梦者，远客至，得财。

很明显，纯粹的“时日法”与“龟卜法”“占易法”“占星法”等一样，都不关心真正的梦象，他们关注的是梦的时间特性。哪日得梦，人事就会如何，占断过程中根本不必涉及梦的内容。

真亦假来假亦真——占梦中的直解、转释与反说

虽然在历史演变中占梦曾经借助过其他占卜方式，但其最具魅力和特色之处还在于分析和解释梦象，这种方法才真正将梦象与预兆联系在一起。战国以后，随着占梦从官方转移到民间，占梦家相继走上历史舞台，占梦愈发显示出其独立性，分析梦象逐渐成为占梦习俗的典型标志。

从占验结果的角度看，梦象与梦兆之间实际上只有三种关系：同一关系、相异关系和相反关系。与此相对应的，对梦象的解释和梦兆的确定不外乎三种方式：“直解法”“转释法”和“反说法”。铁一般的逻辑确定后，无论哪个占梦家、哪本占梦书，都跳不出这个大格局。

“直解法”是一种最简单、最古老的占梦之术，占梦者直

接将做梦者的梦体验解释为梦兆，梦见什么就预兆什么，梦象和梦兆是同一关系。此类占梦难度较低，可以由做梦者自占完成，殷高宗武丁梦中见傅说、武王梦三神等故事都是如此。

陈士元在《梦占逸旨》中称“直解”为“直叶”，“叶”就是协同、吻合的意思。他举例解释说：

何谓直叶？梦君则见君，梦甲则见甲，梦鹿则得鹿，梦粟则得粟，梦刺客则得刺客，梦受秋驾则受秋驾。此直叶之梦，其类可推也。

其中，“梦鹿”的故事出自《列子》。

◎ 汉代母子鹿瓦当

相传郑国有个樵夫在外砍柴，意外猎到一只鹿，暂时将鹿藏在干枯的池塘里。不久，他忘记了当时藏鹿的地方，还以为猎鹿是自己做的一场梦，边走边叨唠此事。他的话刚好被一个路人听到，路人依言在池塘中找到了死鹿，并将鹿扛回了家。樵夫不甘心就这样丢了鹿，日有所思夜有所梦，他晚上梦见了藏鹿的地方和偷走鹿的人。第二天一早，樵夫依照梦中情形找到了那个路人和自己猎到的鹿。

“梦受秋驾”的故事记载在《吕氏春秋》里，秋驾是一种飞车之术。

相传，尹需学习驾车三年而无所得，自己觉得很痛苦，常常睡觉前还想着这事。功夫不负有心人，一天晚上他梦见老师教授他飞车之术。结果第二天，老师真的点名教他。神奇的是，这门技术竟与他在梦中所见的一模一样。

唐代柳灿的《梦隽》中记载，晋人商仲堪梦中见到有人对他说："君有济物之心，其能移我高燥处，则恩极枯骨矣。"结果，第二天他就在河水中发现了一具漂浮的棺材，他将此棺木葬于高冈，这天晚上前夜的梦中人又回到他的梦里来致谢。

"直解法"的第二种情况是梦象本身解释了梦兆，其中多存在因果关系。

古人祝染曾在饥荒之年施粥济众，后来他的儿子上京赴试，祝染梦见一个人手持状元榜站在自家门口，榜上写着"施粥之报"四个字。他醒后就听到有人来报，自己的儿子已经状元及第。

"直解法"的最后一种情况是梦象解释了做梦前发生的事，梦的功能只在解释、不在预兆，"结草相报"的故事正是如此。

《左传·宣公十五年》记载，晋国魏武子病重时曾叮嘱儿子魏颗在他死后把他的爱妾嫁出去，可临死时他却改口要这个爱妾陪葬。魏颗后来没有遵从父亲的遗愿，还是将女孩嫁了出去。

秦晋开战后，魏颗看到阵前有个老人在用草打结，结果秦将杜回因为被草结绊倒而遭魏颗活捉。晚上，魏颗梦中见到了那个结草的老人，老人对他说："我就是魏武子爱妾的父亲，为感谢你对我女儿的恩惠，我特来结草助你，以为回报。"

"转释法"是古代最常用的一种占梦之术，占梦人先将做梦者的梦象通过一定的方式进行转换，然后再将已经转换了的梦象解释为梦兆。这里，并非梦见什么就预兆什么，梦象不直接和梦兆相对应，两者之间是一种相异关系。

"转释法"之所以能成为占梦之术中的主流，正源于这种相异关系。不同于“直解”和“反说”，“转释”有更强的可操作性。根据不同梦者的不同梦象，为求得“占而有验”，占梦者可以使用不同方法进行转换；在转换过程中，他们还可以利用各种技巧给自己留下回旋的余地。“转释法”的具体操作方式有很多，下一部分中将具体介绍。

“反说法”是一种很特殊的占梦之术，占梦者要将梦象反过来解释，然后得出其所预兆的人事。这种方法的出现对应于东汉王符等人提出的“反梦”概念，实际上是在帮助占梦者提高占验率的一种借口。当虚幻的梦象与现实的梦意成相反关系时，直解法和转释法都不能自圆其说。为了能够“占而有验”，占梦者就必须把梦象说成是一种“反兆”。

◎ 晋文公重耳与大夫子犯等

当然，“反说法”也不是简单地把梦象反过来就行了，它也是需要遵循一定的占理才能使人接受。

晋文公梦楚子“伏己而盬其脑”这个经典的梦例中，子犯的占释就很有逻辑。他说，梦中文公虽被楚王压在地上，但仰面朝天，是“得天”之兆；楚王虽伏在文公身上，但脸朝地，是“有罪”之兆；楚王虽以牙齿吸饮文公的脑髓，但这表示的是文公以柔克刚。总之，胜利一定属于咱们晋国。

“反说法”在先秦古籍里所见甚少，仅晋文公一例和《庄子·齐物论》中的“梦饮酒者旦而哭泣，梦哭泣者旦而田猎”。汉魏以后，“反说法”甚嚣尘上。

《南史·沈庆之传》记载，南朝宋的著名将领沈庆之年轻

◎ 隋炀帝杨广像

时曾梦见他把皇帝的仪仗领到厕所里，醒来后心里感到特别郁闷。可是当时有个善于占梦的人却说做这样的梦必会大富大贵。后来沈庆之累功为建威将军，封兴郡公。

《北齐书·李元忠传》记载，北齐李元忠入朝为官前曾做过一个怪梦，他梦见自己举着火炬进入父亲的墓穴中。惊醒后他心中有不祥之感，第二天特意向恩师求教此梦，老师对他说："此梦大吉！你举着火炬进入父亲的墓穴不就是'光照先人'的意思吗？"果然，李元忠后来的仕途之路走得十分顺畅，梦书中的"梦见墓开，大吉"正是由此而来。

"反说法"不是中国特有的，西方也有"反梦"说，现代科学中认为，"反梦"可能与意识和潜意识之间的矛盾有关。当然，"反说法"只是占梦家的一种谋生方法，一旦在预断现实时出现错误，"反说法"就会前功尽弃，甚至得出与现实发展完全相悖的"梦兆"。隋炀帝占牛庆儿之梦便是一个最好的例子。

《说郛·海山记》记载，大业四年的一天晚上，隋炀帝来到宠妃牛庆儿的栖鸾院，正好遇到牛庆儿梦魇，好久都醒不过来。隋炀帝问其所梦，牛庆儿回答："我梦见皇上您挽着我的手臂在十六院游玩,走到第十院时忽然着火,我眼见您困在烈焰之中,只能赶快喊救命。”

隋炀帝听后安慰牛庆儿说:“梦死得生。火有威烈之势,我困在火中,正是得威势的征兆。”隋炀帝正是运用“反说法”来占断妃子之梦的。可惜,牛庆儿的梦不是反梦,而是正梦。大业十年隋朝灭亡,正好与牛庆儿“入第十院,帝居火中”的梦相照应。

明代《笑禅录》还有一个笑话专门讽刺“反说法”。

有一个人说:“我昨夜梦见大哭,此必不祥。”他的朋友宽解他:“无妨无妨。这是反梦,夜里梦见大哭,日间便会大笑。”那个做梦人又说:“如果真是这样,那夜里梦见有我在哭,日间岂不是无我在笑?”

条条大路通罗马——转释占梦的种种技法

前面已经提到,“转释法”较之“直解法”“反说法”,有更强的操作性,其中一个原因就是“转释法”的中间环节灵活多样。历代占梦家集千年之智慧,发明了很多转释的方法,其中较常见的有“解字法”“谐音法”“象征法”“连类法”“类比法”“符号转换法”等。

“解字法”通过对汉字的拆分合并得出梦兆,这种方法的出现与汉字的发展成熟息息相关,汉字的结构笔画、偏旁部首、表意性等都可以作为“解字法”的根据。虽然相传黄帝最早使用了这种方法,但其真正出现的时间应在汉代。

《麈谈》记载,刘邦为亭长时曾梦见追赶一只羊,他拔掉了羊角、去掉了羊尾。这个梦被占为王者之兆,因为“羊”字去掉首尾就是一个“王”字。《后汉书·蔡茂传》记载,蔡茂曾梦见大殿的脊檩上有三株穗禾，长得很茂盛，他取下中间一株后失手丢掉。“失禾为秩”，“秩”为官禄，这个梦预兆蔡茂要升官得禄。

三国以后，“解字法”越来越常见。丁固曾梦见松树长在自己的肚皮上，他自占说：“‘松’字拆开来看是‘十八公’，我今后必将位至公侯。”十八年后，丁固果然位列三公。著名占梦家索紞也是解字的高手，人上山为“凶”，“虏(虜)”脱衣为“男”，“内”中人为“肉”，狼吠“脚”为“却”，这些都是他的经典解字。

◎ 谢小娥梦父、夫

使用“解字法”占梦，最精彩的要算《新唐书·列女传》中谢小娥复仇的故事。

谢小娥的父亲和丈夫都是商人，在外经商时被盗贼所杀，财物也尽被掠去。小娥先梦到父亲对自己说：“杀我者，车中猴，门东草。”几天后又梦见丈夫对自己说：“杀我者，禾中走，一日夫。”小娥弄不明白梦意，就把这两句话写下来，四处求人指点。

几年后，小娥遇到文学家李公佐，李公佐为她占断：“车(車)中猴，車字去掉上下两横即是申，申又属猴；门东草合起来是兰(蘭)字。杀你父亲的人叫申兰。禾中走就是穿田过，也是申字；一日夫，夫字加一横，下面加一个‘日’字，合起来是个春字。杀你丈夫的人叫申春。”小娥发誓报仇，她女扮男装潜伏两年,终于手刃申兰,活捉申春。

“谐音法”根据梦象中的某个情节的谐音来探知梦兆,这个方法以汉语中众多的同音或近音词、字为基础,与训诂学中的音训有一定联系。“谐音法”虽然同“解字法”一样,都是在梦象里的字词上做文章,但比“谐音法”的出现要早很多。《诗经》中就曾把“众维鱼矣”的“鱼”谐音为“余”。

三国以后,“谐音法”的文献记载渐渐多了起来。赵直以“桑”谐“丧”,索紞以“火”谐“祸”,万推以“兽”谐“守”,杨元慎以“盗”谐“到”、以“羊”谐“阳”,都是谐音占梦的例子。《因话录》记载,柳宗元从永州司马调任柳州刺史前,夜梦柳树仆地。卜者曰:“夫生则为柳树,死则为柳木。木者牧也,君其牧柳州乎!”

究竟哪些梦可以靠“谐音”占断,如何“谐音”,全看占梦者的智慧。比如梦见石榴,既可解为梦者将得奇才、秘策,又可谐“榴”为“留”,占得久留之意。另外,“谐音法”往往与其他的占梦方法结合使用,单纯的“谐音解梦”比较少。

根据唐传奇《霍小玉传》改编的《紫钗记》中有一出《晓窗圆梦》,讲的是霍小玉梦见“一人似剑侠,穿着黄衣。分明递与,一双小鞋儿”。鲍四娘在旁边圆梦说:“鞋者,谐也,李郎(李益)必重谐连理。”这是谐音圆梦的一种艺术表达。

“象征法”先要把梦象转换成某种象征物,然后通过这种象征物的解释说明梦兆,这种占梦之术对应梦学理论中的“象兆之梦”,是“转释占梦”中应用最普遍的方法之一。

在运用“象征法”占梦时,人们占断梦的象征意义既要有久远的历史根据,还要有深厚的生活经验,不能随意杜撰。比如,中国古人一向认为梦见太阳和龙就是梦见君,这种象征意义可以追溯到史前原始文化中的太阳神和龙图腾崇拜。

在中国古代，象征法之于占梦可谓无所不包，上至日月星辰、风雨雷电，下至植被动物、山川河流、道路楼台，细微如日用器物、身体器官等。梦象的象征意义客观上都与古老的宗教观念、生活经验、风俗习惯与社会心理有关。此处仅举一例，略作说明。

《左传·成公十六年》记载的"吕锜梦射月"一事，本来梦中"**射月，中之**"已预兆楚王将被射中，这对吕锜来说是吉兆；但吕锜紧跟着"**退入于泥**"，瞬息之间由吉转凶。在占断此梦时，占梦者连用两次"象征法"，分别将天象的"月"和地象的"泥"转释为"楚王"和"你"，两次象征得出了完全相反的梦兆。后来在战争中，吕锜射中了楚王，楚王手下的养由基也还了吕锜一箭。

◎ 养由基射中吕锜

"连类法"根据日常经验中事物之间的相关性，先将梦象转换成与之相关的某种事物，再由与之相关的事物出发探究梦兆，这种方法对应于王符所说的"连类博观"。

与其他转释方法不同，"连类法"需要建立在日常生活经验的基础上。"连类占梦"时，梦象与关联物之间的关系比较稳定，整个占梦过程易于理解，占释结果相对而言更容易为做梦者所接受，解梦书中以这种方法占梦的例子很多，最复杂的一例出现在《左传》中。

鲁昭公七年时楚王的章台建成，昭公应邀前去参加落成典礼。临行前，他梦见父亲襄公祭祀路神。大夫梓慎引用襄公去楚国时梦见周公为他祭祀路神之例，劝昭公不去为好；而子服却说先君从没去过楚国，才由周公来引导他，如今襄公已经去过楚国，理应由他引导昭公，所以还是去为好。

从这个占例中看，梓慎和子服两人虽然得出了截然相反的占断结果，但他们所选用的方法却是一模一样的。这两人在占昭公之梦时都在“梦中套梦”，用数年前鲁襄公“梦周公祭祀路神”的吉凶类推现在鲁昭公“梦襄公祭祀路神”的吉凶。周公之意在襄公之梦中得到体现，而襄公之意则在昭公之梦中得到体现。

◎ 周公像

汉唐梦书中记载：“**梦见娥者，忧婚也；梦见灶者，忧求妇嫁女**”，娥古义为女子双肩上的装饰物，灶是妇女做饭的锅台，这些器物都与女子相关，如果在男子梦中出现就说明他们想要娶妻；“**梦围棋者，欲斗也**”，下围棋总要分个胜负，梦见下围棋表明做梦者好斗的心理。

从一定程度上说，“连类法”的确可以在理解梦意时给人们一定的帮助，但这种帮助不是绝对的，更不应该公式化处理。一定要说梦见弹琴就会得到朋友，梦见杯案就会有客人，梦见五谷就能得到财物，也未必果真如此。

“类比法”要先将梦象转换为与之相类似的某种事物，然后再运用比喻、类推等方式探索梦兆。“类比法”的关键在于抽取梦象中的哪些特点和如何进行类推。梦象和人事虽然并不相同，但由于本质上必然存在某种关系，优秀的占梦家往往可以运用“类比法”找到关联之处，进而做到“占而有验”。

汉唐梦书中有不少“类比占梦”的例子，比如：

丈尺为人正长短也。梦得丈尺，欲正人也。

权衡为人平正也。梦得权衡，为平端也。

“丈尺”有“正长短”的功能，由物比人进行类推，梦见“丈尺”就是想正人之长短；“权衡”有平衡两端的特性，由物比人进行类推，梦见权衡就能公平待人。

◎ 八卦图

同“连类法”一样，“类比法”也有一定的科学依据，人的思维方式相对固定，清醒时的人和睡梦中的人思想中一定包含类似的内容。聪明的占梦家运用“类比法”时不会仅仅关注梦象本身，他们会全面考察做梦者的生活状况和心理状态，进而得出结论。

“符号转换法”又称“破译法”“换码法”，占梦时要先将梦象转换为一种符号，然后根据转换来的符号推断梦兆。这种方法的精妙之处就在符号的转换上，因为在这个过程中要用到传统的阴阳、五行、八卦等知识。

“符号转换法”所针对的梦象一般是比较复杂或者朦胧的，做梦者很难理解梦象的意义，他们必须求教于专业的占梦家，由占梦家来完成对梦象的符号转换和破译。这时的梦象就如同“密码”一样，它可以被译为“阴阳”，也可以被译为“五行”，还可以被译为“八卦”，这要取决于占梦家的需要。

传说，魏国大将邓艾伐蜀时曾梦见自己坐在山上，而山下有流水。他的护军爰邵根据《周易》的卦形把整个梦象译为“蹇卦”，然后再以“蹇卦”来占断吉凶。蹇卦的卦辞是“利西南，不利东北”，彖辞释曰“利西南，往得中也；不利东北，其道穷也”，爰邵据此得出了“往必克蜀，殆不还乎”的占辞。

西晋名士符融曾借八卦对董丰之梦进行“符号转换”，推出董丰之妻为冯昌所害，占释极为复杂。

《晋书》记载，董丰在外游学三年，回家路过妻子娘家，当夜妻子被害。妻子家人认为是董丰杀害，董丰则说凶手另有其人，一时是非难辨。这时，董丰想起案发前他曾梦见自己骑马渡河，先从北岸到南岸，又从南岸回北岸，最后再从北岸到南岸。这时马停在水中，任凭鞭打都不肯走。他低头一看，有两日在水中，马左一日为白色，浸水而湿；马右一日为黑色，看上去很干燥。

符融占曰：“水为‘坎’，马为‘离’，由北到南来回三次形成一个‘之’字路线。由此可将梦象转换为‘坎之离’，‘坎’象征执法之吏，当在上。坎上离下组成‘既济’卦，此卦的先例是‘文王遇之，囚之羑里’，要是董丰有理(礼)，一定能够囚中得生。另外‘马左而湿’得‘冯’，‘两日’相重得‘昌’，所以杀害董丰妻子的人应该叫‘冯昌’。”

“符号转换法”不独为中国所用，《圣经》中曾记载法老王梦见七头肥壮的牛与七枝丰满的稻谷，又梦见七头骨瘦如柴的牛与七枝干瘪的稻谷。约瑟解释前者表示丰收的七年，后者表示饥荒的七年。弗洛伊德和弗洛姆都认为“符号法”是一种“非心理学的梦的分析”。

高明的占梦家为了达到自己预想中的占验效果，往往会使用多种转释方法来沟通梦象与梦兆。这类“数法并用”的

水火既济

◎ 坎上离下的既济卦

占梦虽然可能有更多的附会，但看上去确是神乎其神。

三国时，魏国贵戚何晏梦见几十只青蝇趴在他的鼻子上，怎么赶也赶不走，他求教于管辂。管辂以鼻梁突出有“山”之象，先将梦象转换为八卦中的“艮卦”，然后说：“天中之山，高而不危，所以长守贵。现在青蝇趴在你的鼻子上不走，表示你已达盈满之数，即将由盛转衰。此梦大凶！”管辂兼用“符号法”“象征法”和“谐音法”，梦后不久何晏为司马昭所杀。

◎ 舂米的石臼

中唐时期的王生是一位江淮读书人，一生穷困潦倒，曾靠为人占梦为生。商人张瞻经常在外奔走，有一次回家前梦见“炊于臼中”，王生为他占断曰：“君归不见妻矣。臼中炊，固无釜也。”在舂米的石臼中做饭，表示“无锅”；“无锅”古人又称“无釜”；“无釜”谐作“无妇”。在得出“归不见妻”的过程中，王生兼用了“连类法”和“谐音法”。

事实上，无论占梦家有多么聪明绝顶，也不管他们所使用的占梦之术多么变化多端，梦象与现实的关系都不出相同、相异和相反三种结果。占梦家要在这个领域中生存，就必须拥有超高的占验率。选择正确的占梦之术，当然能使占梦家更具说服力。不过，选择占梦术的关键不在术而在道，真正掌握着占梦玄机的其实是那些秘而不宣、深藏不露的占梦之道。

第三节 从占验到占断
——深藏不露的占梦之道

作为一种文化现象，占梦的深层内涵是要参透现实、预断未来。前面我们说，占梦就好像做数学题，占梦之术是运算时采用的函数，不同函数对应不同的运算结果。很明显，一切问题的关键就在占梦家如何选择“函数”，这其中所蕴含的原则就是所谓的占梦之道。

审其变征，兼考内外——占梦尊原则

中国古代传统的梦书大部分都是“辞典”式的，普通人带着对梦的疑问翻开梦书，大都可以查到所需要的占断结果，不过这种方式得出的结论往往没什么价值，稍有头脑的占梦者都不会死守梦书中的占辞。

晋代占梦家索紞曾向一位老者请教占梦之术，老者送给他八个字：“审测而说，实无书也”。在占梦家眼中，一味靠翻阅梦书来占断梦象等于刻舟求剑、胶柱鼓瑟，梦书的占辞对他

们来说,最多只具有参考和借鉴的价值。

最早尝试点破占梦之道的是东汉的王符,在《潜夫论·梦列》中王符提出了占梦的一般原则:

夫占梦必审其变故,稽其征候,内考情意,外考王相,则吉凶之符、善恶之效,庶可见矣。

这里,“变故”指做梦者发梦前的种种变化,涉及的是梦因问题;“征候”指梦象的具体特征和梦境的基本态势;“情意”指做梦者当下内心的感情、意愿及其所表现的心理状态;“王相”指发梦的时令、节气及五行相生相克的情况。王符认为,只有充分掌握了“变故”“征候”“情意”“王相”这四方面的情况,才能对梦象所对应的吉凶祸福做出判断。

晋代索紞在他的《玉琐辉遗》中也谈到了占梦原则,他说:“问人兮品伦何定,问地兮隅道何垠,问时兮循环无间,问日兮飞走无停……”作为出色的占梦家,索紞考虑的因素要比王符全面一些,但大体方向都是一致的。

既然有这么多的相关要素对分析梦象、把握梦意有参考价值,那么在具体占梦过程中又当如何操作呢?

贵贱有别,邪正有分——占梦先看人

在真实的占梦过程中,占梦家首先看重的是做梦者本人。这一点至关重要,至今还可以看到有关这方面的梦例。比如,当下流行的解梦观点认为,房子在梦中出现,表示庇护、保佑、父母、名誉、地位、官职等,但不同的人梦见买房子就代表了不同的意思:

未婚男性梦见自己买房子表示,要结婚、立业。

未婚女性梦见自己买房子表示,会找到男友并且自己的事业会蒸蒸日上。

已婚男女梦见自己买房子，预示着要和对方吵架。

在职人员梦见买房子，表示有升职的可能。

《梦林玄解》在总结过往占例的基础上，将做梦者本身对占梦的影响概括为三条：

第一条，贵贱有别。王符曾说过："同事，贵人梦之即为祥，贱人梦之即为殃，君子梦之即为荣，小人梦之即为辱。"《梦林玄解》中具体阐述说：

帝王有帝王之梦，臣宰有臣宰之梦，圣贤有圣贤之梦，常人有常人之梦，以至工贾商农、舆台厮仆则有工贾商农、舆台厮仆之梦，穷通荣辱，成败亏盈，各缘其人而为推测。不得以至卑至贱者，乃妄以尊贵之象加之耳。

同样的梦象，针对不同身份的人，其占断或穷或通、或荣或辱、或成或败、或盈或亏。例如，同是梦到与僧侣吃饭，如果做梦者是贵人，那就说明他有道缘，如果做梦者是一般人，就预示他将遭逢厄运；同是梦见身为隶卒，做梦的是一般人这就是个吉梦，做梦的是君子这就是个凶梦；同是梦见象牙床，富贵的人就会更加富贵，贫穷的人就会受到更严重的剥削；同是梦见佛寺，一般人就是吉梦，贵人就是凶梦。

单纯就梦象而言，这几条占辞不能说完全没有道理：贵人靠结交僧道提升知名度，一般人只会在遇到灾祸时求佛问道；一般人做了隶卒还可以耀武扬威，可君子要是身为隶卒那就是奇耻大辱。不过，也不能将梦的吉凶都对应到做梦者的贵贱之别上面去，那将很难为人所信服。

第二条，邪正有分。陈士元曾把梦者分为吉人和凶人，他说："凶人有吉梦，虽吉亦凶，吉不可幸也；吉人有凶梦，虽凶亦吉，凶犹可避也。"那么，划分吉人和凶人的标准是什么，又为

什么会出现“凶人吉不可幸”而“吉人凶犹可避”的情况呢?《梦林玄解》对此做了进一步的解释:

凶人获吉梦,梦则吉矣。德不足以当之,虽吉亦凶,胡可幸也。吉人获凶梦,梦则凶矣。天必有以佑之,虽凶亦吉,犹可避也。至如中怀恶意,梦得吉占,是必所以速其祸。实抱仁心而反罹凶兆,是必所以玉其成。君子当察人之为邪为正,为邪中之正、正中之邪,则吉凶如列了,祸福如随影也。

很明显,所谓的吉人和凶人就是正与邪的代称,其划分完全以道德品质为标准,儒家的道德决定论在这里发挥了关键作用。陈士元曾引春秋时赵婴的梦例来说明“凶人吉不可幸”的道理。

据《左传》记载,晋国大夫赵婴曾梦见天神对他说:“你来祭祀我吧,我会赐福于你的!”这本该是直白的吉梦,可面对赵婴的求教,士贞伯却支吾其词。待赵婴离开后,贞伯才对其他人说:“神福仁而祸淫。淫而无罚,福也。祭,其得亡乎?”原来,赵婴在侄子赵朔死后与侄媳妇庄姬私通,背德乱伦。士贞伯认为这样的人不会得到天神的眷顾,即使做的是好梦也是凶兆。果然,赵婴前脚兴高采烈地祭祀了天神,后脚就被人杀死了。

第三条,敬肆有端。王符很早就提出做梦者对梦的态度会影响梦的吉凶应验。“修省戒俱”的严肃态度和“纵恣骄侮”的放肆状态可能会导致梦兆的祸福发生倒转。《梦林玄解》中说:

祸兮福倚,福兮祸伏。天道无常,惟人自招。故梦瑞而德益修者,福必臻;梦瑞而纵恣者,福转为祸。梦妖而骄益甚者,祸必成;梦妖而戒惧者,祸转为福矣。故梦之妖瑞,视乎其人之德不德。召感几微,转移呼吸,不可不慎,岂执经而论哉!

这里，梦的吉凶应验被认为是由做梦者自身所招致的，梦兆祸福倒转的关键在于做梦者的态度。假如梦象中显示吉兆，但做梦者本人却是“纵恣骄侮”，这时吉兆就会转为凶兆，福泽就会变成灾祸；相反，假如梦象中显示凶兆，而此时做梦者能够“修省戒惧，闻喜若忧”，那么凶兆就会变为吉兆，灾祸也就转而为福了。这条其实与“邪正有分”同源，都是儒家道德观的展现。

《国语·晋语》中记载的“虢公梦蓐收”的故事能够说明“敬肆有端”的意思。

有一次，虢公住在宗庙里，他做了一个梦，梦见有个天神长着一张人脸，通体白毛，一双虎爪，手执大斧，立在西边的屋角。虢公吓得要逃跑，天神道：“不要走！天帝有命令，要晋国来袭击你的国家。”虢便拜倒在地叩头。

◎ 蓐收像

虢公醒来后召史嚚来占梦，史嚚占断说：“这个天神叫蓐收，是天上的刑神。天上的事由神来执行。”虢公本来认为自己得天神眷顾、此梦大吉，他觉得史嚚没有说吉利话，便把史嚚囚禁起来，还命令国人全都来庆贺他做了个好梦。虢公的这种态度就叫“纵恣骄侮”，即使真是好梦也会变成凶兆。果然不出六年，晋国便灭掉了虢国。

五不占，五不验——占梦要取舍

在充分考虑做梦者的身份、品质和态度后，占梦家仍不能轻易占梦。因为梦容易受到内外因素的干扰，为了能尽量提高占验率，占梦家们还要为自己想占、能占的梦设置更多的条条框框。

王符在《潜夫论·梦列》中讲道：

今一寝之梦，或屡迁化，百物代至，而其主不能究道之，故占者有不中也。此非占之罪也，乃梦者过也。或其梦审矣，而占者不能连类博观，故其梦有不验也。此非书之陋，乃说之过也。

做梦者一夜之间所做之梦变化多端，自己都无法完全表述清楚，自然无法占验，这不是占梦者的错，而是做梦者的错；而从占梦者的角度，如果不能灵活运用梦书中的各种占梦之术，导致占而不验，这不是梦书的错，而是占梦者的错。陈士元在王符观点的基础上，为占梦提出了“五不占，五不验”的取舍原则。

其中，“五不占”是对做梦者提出的要求——

第一条，“神魂未定而梦者，不占”。如果做梦者本来“神魂未定”，那他所做的梦就未必是天人感应，不是神旨自然不能占断。

第二条，“妄虑而梦者，不占”。“妄虑”指的是有私欲邪念，常常胡思乱想。这种私心杂念会干扰梦境，这一类梦也不能占。

第三条，“寤知凶阨者，不占”。“寤知凶阨”是说做梦者醒来后自占其梦凶恶，当有灾祸。这种情况下，忌讳一占再占。这种说法起源很早，汉代的杜预认为《左传》中就已“戒数占梦”，“数占”可能导致前后结果矛盾，这是对神意的不敬。

◎ 桐阴清梦图

第四条，“**寐中撼病而梦未终者，不占**”。“寐中撼病”是指做梦时因为某种外界的声响或是人为的猛烈摇动而惊醒，这个时候梦尚未做完，自然也不能占断。

第五条，“**梦有始终，而觉佚其半者，不占**”。虽然在做梦者的睡眠里梦已经有始有终，但当作梦者醒来后却无法完全回忆起梦境时也不能占断。

按照“五不占”的说法，只有平静入睡、睡眠中没有任何干扰、醒来后还可以完完整整记录下来的梦才能被占断，因为只有这种情形做梦者才被认为得到了真正的神旨。所谓“五不占”很大程度上是占梦者为自己铺设的后路，一旦遇到难度较大、没有把握的梦，他们就会用这些借口来拒绝占梦，以降低占断的失误率。

“五不验”是对占梦者本身提出的要求，看上去更像是一种行业准入标准——

第一条，“**昧觉本原者，不验**”。“昧觉本原”是说占梦者不懂得梦是神意的显示，这类人根本不懂梦、不相信占梦，怎么可能占而有验？

第二条，“业术不专者，不验”。作为占梦师，没有学好占梦之术，只是略懂皮毛，这种人本身学业不精，不可能占而有验。

第三条，“精诚未至者，不验”。做梦者做梦时要心神平静、诚心诚意，占梦者占梦时也必须做到心诚，心诚才能通晓神意。

第四条，“削远为近小者，不验”。“削远为近小者”指的是那些不懂占梦之大道，而只会玩弄小术的人。任何时候小术都不可能体察神旨。

◎ 竹林纪梦图

第五条，“依违两端者，不验”。“依违两端”指的是一梦数说、前后矛盾的情况。为讨好做梦者而言之为吉，为吓唬做梦者而言之为凶。故弄玄虚的占梦怎么可能应验？

虽然“五不验”表面上是对占梦者的严格要求，但其实质还是一种以退为进的迂回策略。占梦者无法占验时端出“五不验”，不仅可以为自己开脱，还可以保全占梦的整体神圣性，可谓一箭双雕。

除了“五不占”与“五不验”外，占梦者还有很多关于“占而不验”的遁词。《梦林玄解》还曾讲过“怪异无占”，“强占不验”；据说梦中“神灵指示姓名、数目、文字、器皿之类，如天机微露不尽泄漏者”，“虽善占之士，不可妄占”。这些遁词很多时候可以避免“占而不验”的尴尬局面，还能进一步巩固占梦的神秘色彩，可谓占梦者的“灵丹妙药”。

巧言附会求应验——占梦有窍门

要想获得一般人做不到的高占验率,占梦者不仅要在“进口环节”把关,还要在“出口环节”下功夫。也就是说,占梦者不但要详细了解做梦者,严格把握可占之梦的条件,还要在占辞上做文章,要巧于附会、善于附会。

凡是高明的占梦者无一不是附会的高手。占梦者的附会主要用在两个地方,一是释梦,二是占断。释梦时他们要根据自己想要的结果选择最合适的占梦方法,争取使自己的释梦过程严谨周到、无懈可击;到了占断环节,情况就要发生变化,占梦者将占断之辞讲得越灵活、越含糊越好,要在占断的同时给自己留下余地,以便左右逢源。

前面讲到的唐代黄幡绰为安禄山占梦的故事,很能说明在占梦时选择恰当方法的重要价值。而三国时候周宣占断曹丕“殿瓦坠地,化为鸳鸯”之梦时,得出的“后宫当有暴死者”的结论也为自己留下了足够的诠释空间。重新审视这两个著名梦例,不难发现其中附会之处。

名家附会往往会让人们感到无迹可寻,但仔细分析还是可以发现其中奥妙。占梦并不是简单的线性结构,作为对人类复杂的思维活动的一种判断方式,占梦实质上拥有内外两层结构:外层结构是“顺向占梦”,从梦象到占断再到人事,这个过程是顺乎逻辑发展的,是占梦者努力呈现给世人的所谓“占验过程”,但这只是占梦披着的一层“外衣”;它的真正精髓在内层结构上,这层结构是“逆向占梦”,占梦者首先把握的其实是人事,从人事推导占断,再从占断回到梦象,这整个过程都是由占梦者自己暗箱操作的,而且还要尽量保证不让

“观众”发觉一丝端倪。

很显然，真正的“占梦”是在内层结构上完成的，而占梦者给出的所谓占释过程，不过是掩人耳目的道具罢了。前面讲过，魏国周宣为曹丕占“磨钱之梦”时正是准确地抓住了曹丕嫉恨弟弟曹植、急于加害他的心理，再根据太后阻挠、曹丕一时未能如愿的事实，才能游刃有余地做出精彩的占断。

不仅周宣有这样的本事，与他同时代的赵直也有同等功力。赵直占魏延“头上生角”之梦的过程看似非常玄妙，其实用的就是“逆向占梦”这一招。他的占断是建立在准确把握当时形势的基础上。魏延作为蜀国先锋，个性张狂，向来不为谨慎的诸葛亮所欣赏。诸葛亮将死，必会对手下诸将做出一定的安排，赵直也许不知内情，但审时度势也不难猜出魏延的下场。

赵直首先抓住了对人事的预判，然后他再往回找，找到的占断就是“头上用刀，此梦大凶”。这个占断同样很有水平，他既没说魏延什么时候死，也没说他怎么死，就说这个梦大凶。也就是说，不管怎么样，只要魏延被杀了，这个梦的占验就完成了。

从上述占梦之道中，我们不难体会到：无论使用什么方法，拙劣的占梦者不知变通、死守成规，最终只会“占而不验”；只有懂得因势利导、随机应变的人，才可能成为优秀的占梦家。其实，占梦是这样，其他占卜方式也都如此。

中国古代的占梦文化，尽管带有浓重的个人功利色彩，但也的确蕴含了人们预知未来事物发展方向的良好愿望。可以说，占梦习俗大体是不科学的，是一种谬误。不过，当我们用智慧拨开这层谬误的面纱时，还是可以找到一些有价值的文化现象。对于前后延绵几千载、难以计数的占梦，我们不能只用一个“无稽之谈”全部抹杀。

自从占梦在中华大地上产生，就与传统文化结下了不解之缘。以占梦习俗为基础的传统梦文化与其他传统文化形态之间存在着千丝万缕的联系。下面几章里，我们会将梦文化放置到中国传统文化的网络系统中去，讲述梦文化与古代政治宗教、文学艺术、社会生活之间碰撞出的光彩夺目的火花。

第四章

棋罢不知人换世
—— 梦与政治、宗教

第一节　铁马冰河入梦来
——梦与政治

梦与政治的联系可溯之悠远。殷周两代朝廷设有专门的占梦官,殷商天子命占梦以察治乱之兆、决国家大事,周朝天子需要占梦官上献吉梦、禳除噩梦。战国之后专职的占梦官虽然已销声匿迹,但占梦作为一种普遍的迷信仍然存在于统治阶层中。在古代,与政治相关的梦总会以论证武器的身份出现。

梦的复杂性、神秘性和不可逆知性使其天然地散发着强大的说服力;“自知而他不知”的特点使梦相较于其他占卜方式,拥有更为明显的操作优势,最符合政客们的需要。梦文化与古代的王权更迭、政治斗争、军事决策之间有着微妙的关系:它既可以作为一种政治智慧发挥积极作用,也可以变成一种阴谋权术掀起腥风血雨。

公然的神道设教——梦与王权

中国古代帝王历来都以“天子”自居,“天子”就是天帝之子。可是,拿什么来证明呢?一般有两种方法:一是靠“天降祥瑞”,传说中的“凤凰来仪”“河图洛书”“秦获若雉”“鲁获如麇”讲的都是祥瑞,不过这些东西都是需要眼见为实的,随意编造破绽太明显;这时候就需要第二种方法——“梦”来大显神威了,梦的私密性很高,梦见什么只有做梦者自己知道,用梦来证明自己,不但名正言顺,还不会被人找到破绽,实在一举两得。

作为王者之兆的梦,从黄帝起到清朝末年从来没有停歇过。历代帝王的降生,多有不平凡的梦兆。君王们需要用梦来证明自己身份的高贵和继承大统的合法性,突出自己“受命于天”的神圣。因为君王是龙种、是至阳之日,帝王之孕或生,其母必梦天入怀,梦龙入怀,梦日入怀,以为征兆。

◎ 刘媪梦蛟龙

汉家天子出世前几乎全部都有神圣的梦兆出现,这个传统是从汉高祖刘邦开始的,传说刘邦是其母梦龙所生。《史记·高祖本纪》中说:

其先,刘媪尝息大泽之陂,梦与神遇。是时雷电晦冥,太公往视,则见蛟龙于其上。已而有身,遂产高祖。高祖为人,隆准而龙颜,美须髯,左股有七十二黑子。

刘邦的母亲刘媪曾经在“大泽之陂”上休息,睡梦中突然电闪雷鸣,她惊见一只蛟龙伏在自己身上,此梦后刘邦出生。这个神奇的梦无非是想告诉人们,汉高祖不仅是龙种下凡、“种源”高贵,而且天生一副标准的“龙颜”,非凡夫俗子可比。既然开国的皇帝是龙种，那他的子孙自然也都是龙种，各朝汉帝都格外热衷于为自己的出生找一个“天命之符”。

高祖和薄姬所生之子汉文帝刘恒原为代王，周勃等人平定吕氏迎其为帝，这是当时政治形势的必然走向。可这样的转变有什么“天命”依据呢？这个“天命”在《史记》和《汉书》里都记载了，《史记·外戚世家》曰：“**薄姬曾梦‘苍龙据腹’而生代王。**”《汉书·邓通传》曰：“**文帝尝梦欲上天，不能，有一黄头郎推上天。**”

母亲梦见自己腹中骨肉是苍龙，儿子梦见自己在黄头郎的帮助下成功登天，这不就是天命所归吗？然而，薄姬、文帝到底有无苍龙之梦、上天之梦，谁也无法判断。既然皇帝都这么说，想必事实如此，身为下民小臣的谁还敢去质问皇帝？

讽刺的是，司马迁《史记》记载苍龙之梦时是这样写的：一日刘邦与薄姬温存，薄姬对刘邦说“**昨暮夜妾梦苍龙据吾腹**”，刘邦听后接了一句“**此贵征也，吾为女遂成之**”，于是两人便共赴巫山云雨了。大概是司马迁也看透了这装腔作势的“天命”，才要在史书中开个玩笑、调侃一番吧！

◎ 汉文帝与母亲薄姬

汉武帝不像他的曾祖、祖父，他即位名正言顺，困难不大，自然也就不需要借用“大泽之陂”的蛟龙来“授命”，也不必麻烦“黄头郎”在背后推上一把，他的母亲王美人可以在汉宫中舒舒服服地托梦生天子。据《史记·外戚世家》记载，汉武帝的母亲孝景王皇后怀武帝时曾“梦日入怀”。《王纂》还说她曾梦见“神女捧日授己，吞之遂孕，生武帝”。

相比自己的先祖，马上得江山的汉光武帝最为痛快，为了顺利登上皇帝宝座，他毫不讳言地告诉自己的部下，自己在梦中乘龙上了天。《东观汉记》是这样记录的：

光武召冯异曰：“我梦乘龙上天，觉悟，心中动悸。”异再拜，贺曰：“此天命发于精神。心中动悸，大王慎重之性也。”

得力干将果然名不虚传，冯异虽为武将，但跟随刘秀多年，与主子默契十足，对这个登天之梦也是心领神会，他赶快与诸将议定尊号，拥刘秀正式称帝了。

两汉所开创的这种社会风气到了魏晋时期更是愈演愈烈。《丛谈》说曹丕称帝时曾梦见太阳坠地，一分为三，自己拿了其中一份置之于怀中。此梦当然寓意三分天下，然而，一个弑君篡位者真不知他哪里来的神旨！另据《宋书》记载，孙坚妻子怀孙权时“梦日入怀”，此梦理当照应孙权在东吴称帝之事。

东晋孝文帝的母亲李太后“数梦两龙枕膝，日月入怀”后生了孝武帝、会籍文孝王和鄱阳长公主。两龙预示两位皇子，日月预示有男有女。更为神奇的是，这位太后“相长而色黑”，宫里人都取笑她是“昆仑”，简文帝也是多年无嗣后才听从相士的话“以大计，召之伺寝”的。可见这女子本就是异人，似乎是上天专门安排了来给简文帝生儿育女的。

隋文帝杨坚未登基时曾有一次乘船外出，夜泊江上休息。当夜杨坚梦见自己失去了左手，惊醒后感到十分忌讳。上岸后，杨坚偶然行至一间草庵，遇到了一位年老的僧人，便请他为自己解梦。老僧听杨坚讲完自己的梦后，慌忙起身祝贺说：“无左手者，独拳也，当为天子。”此话后来得以应验，杨坚做了隋朝开国皇帝，他在草庵处建寺来纪念这个梦。

唐代张冗所著的《独异志》中有关于这个梦的详细分析。杨坚的失手之梦，如若以常人的理解绝非好兆头，还可能会是凶相，预示着将有断手折臂之祸。然而老僧的解释却不一样，他理解为独拳，“拳”谐“权”，独权就“当为天子”。在老僧这里，隋文帝的梦应了陈士元“吉人有凶梦，虽凶亦吉”这句话。

造化弄人，隋文帝辛苦得来的江山只守了两代就被李渊夺去了，唐朝开国皇帝李渊居然也做过一个看似大凶实则大吉的上位之梦。在刚刚要起兵反叛隋朝时，李渊曾梦见自己掉在床下，然后被密密麻麻的蛆吃食身体。惊醒后李渊惶恐不已，认为此梦是自己将死之兆，于是迟迟不敢起兵。

这时，李渊的一个部下了解了这个情况，就给李渊讲了另一番道理，他说：“梦见落在床下就是‘陛下’的意思，而大量的蛆虫都来啃食你说明众人都将依附于你。此梦大吉，您要当皇帝啦！”李渊听后，顿觉有理，于是放心地起兵了。后来他顺利地推翻了隋朝，自己当了皇帝。

有宋一代，有关后妃梦日的记载更多，那个谋夺了自己侄子江山的宋太宗的母亲杜太后，因大哥发疯、二哥暴毙而成功上位的真宗的母亲李太后，还有那个“死活不愿意”登基的南宋宁宗的李皇后，都曾做过有关太阳的梦。可惜，这些“承命而生”的宋代君王谁都没能把凡间王朝治理好，两宋成了中国历史上最窝囊的王朝之一。

大概是从前梦日、梦龙的人太多，为避免重复、提高可信度，明太祖朱元璋的“天命之符”要比他的前辈皇帝们来得复杂一些。传说朱元璋登基前曾经梦见西北天上有一座朱台，朱台四周有栏杆护卫，上面站着两个金刚模样的人。朱台之南坐着几个戴幞头巾的人，中间是道家的三清。几个紫衣羽士拿着红衣授予朱元璋，红衣里面有五彩图案。朱元璋问这是什么衣服，道士说是文理真人服。这个梦被认为是天授帝王之意。

在中国古代，不仅汉民族喜欢搞这些王权神道，少数民族的统治者也不能免俗。据《金史·本纪第二》记载，金太祖的兄长康宗曾经梦见自己追赶一只狼，却屡射不中，可弟弟完颜阿骨打一下子就射中了。他醒来后将这个梦讲给众臣听，众臣都说："这是吉梦，兄长得不到的弟弟将会得到呀！"就在此月，康宗去世，金太祖即位，拉开了金王朝统一北方的序幕。

康宗这个梦有很明显的少数民族特色："狼"在以打猎为生、崇尚杀戮的女真人眼中，是最有战斗力的动物，是象征君王的"祥瑞"；而正在与金国争夺北方大权的辽国又恰好以狼为图腾，射狼就意味着"灭辽"。康宗自梦射狼不中可能是他预感自己已无力统一北方，而其弟射中则代表金最终定能灭辽。这个梦为金太祖的即位提供了强大的舆论支持。

黑暗中的角力——梦与权力斗争

梦实在是古代政坛上的宠儿，它可不愿意只充当为君王正名的工具，有时候一个梦可以预知权力的走向，可以改变当下的斗争形势。梦在某些时候走到了权力斗争的前台，演绎了一出出嬉笑怒骂的历史剧。

据《左传》记载，鲁僖公三十一年，由于受到狄人的侵扰，卫成公迁都帝丘，当时政权还很不稳固，成公梦见卫国开国之君康叔向自己倾诉，献给他的祭品都被夏后所夺。实际上，卫成公梦见祖先的祭品被夏族祖先所剥夺，完全是狄人侵扰给他心灵留下的阴影。在古人观念中，对于有土之君来说，如果祖先得不到子孙的祭祀，就意味着政权的衰微，卫成公的梦反映了他的恐惧心理。

据《左传》记载，鲁哀公二十六年宋景公去世，公孙周之子得与启为君位闹得不可开交。这时得做了一个梦，梦见“启北首而寝卢门之外，己为乌而集于其上，味加于南门，尾加于桐门”。梦醒后得认定此梦大吉，自己必将登上君位。他自占说：“启在梦中头朝北方这是死者之象，而身在门外也表示将失去国家政权；反观自己，头朝南方是生者之象，在门内也表示获得政权。”实际上，这个梦正是得为了争夺政权对启发起的一次思想攻势。

三国时，曹操梦见“三马共食一槽”的景象。他醒来后忧心忡忡，当时朝中司马懿家族正蓬勃发展，而“槽”与“曹”谐音，曹操认定此梦预示司马懿将篡夺曹氏权柄。曹操忧心忡忡地对其子曹丕说：“司马懿绝不会甘为人下，将来必定坏你江山。”曹操一心想要除掉司马懿，可曹丕却不以为然，还多方袒护，最终司马懿免于一死。

果然，曹操死后不久，司马懿就暴露了自己的野心，他精心设计除去曹爽，对曹氏及其支持者大开杀戒，牢牢掌握了曹魏政权。四年后，司马懿离世，其子司马师、司马昭相继执政。司马师与司马昭和父亲一样，都是表面谦和、内心狠辣的人，他们先后废掉并杀死了曹家三个皇帝。司马昭之子司马炎最终代魏自立为晋武帝。“三马同槽”的梦三十年间全都应验。

◎ 曹操临终召见司马懿

中国古代的唯一一位女皇武则天也有类似的梦故事。有一天她将宰相狄仁杰召来，并给他讲了一个梦，说自己梦见一只鹦鹉，其“羽毛甚伟而翅俱折”。狄仁杰听后为其解梦说：“鹉谐音为武，是陛下您的姓氏，而两翅折是指陛下您的二子庐陵王和相王，陛下起此二子，则两翅全矣。”

狄仁杰利用鹦鹉梦进行阐发，将鹦鹉的双翅引申为武氏的两个儿子，一下子就让武则天明白了“双翅折，鹦鹉伤，双翅全，鹦鹉威”的道理。其实，聪明绝顶的武则天何尝不懂这个道理，她已经打算立庐陵王李显为太子了。经此一梦与狄仁杰一占，双方都心领神会。

如果说其他人的梦还只是政治斗争的衍生品，那唐代宗李豫的梦简直就是杀人的凶器。唐代宗时期的大宦官李辅国是代宗之父肃宗的宠臣，肃宗死后他进为尚父，专权用事、欺凌君主，代宗早就深恨李辅国，欲罢其职而除之。

一天晚上，唐代宗梦见玄宗时的太监高力士领铁骑数百人杀死了李辅国，这些人砍下李氏首级后鲜血流得满地都是，他们吆喝着向北去了。梦中代宗不解，命人去问，高力士回答说：“这是明皇的旨意呀！”代宗梦醒后就听说李辅国死于盗寇之手了。

其实这个梦实在有点掩耳盗铃的意味，谁都看得出李辅国就是唐代宗派人杀的，《旧唐书》还留了面子，说是“夜盗入辅国第杀辅国”；《新唐书》就没那么客气了，直接说代宗“遣使者夜刺杀之”。代宗杀了人总要解释一下，他的解释就是一场梦。

沙场上的神旨——梦与战争

梦从三皇五帝时开始，就与战争有扯不清的关系。那个时代最著名的一场战役——黄帝蚩尤之战中，梦就发挥过关键的作用。据《艺文类聚》记载，黄帝战前曾梦见西王母派了一个披着黑狐狸皮的道人给他授符，对他说："太一在前，天一备后，河出符信，战即克矣。"

黄帝醒来之后，把这个梦告知风后、力牧二臣。风后、力牧说："此兵应也，战必自胜。"力牧与黄帝一起来到盛水旁边，设坛举祭，祭以大牢。一只黑色的乌龟果然衔着符从水中出来，把符放在祭坛中，然后离去。后来，黄帝拿着此符出征，擒获了蚩尤。这个故事说明，很早以前人们就开始以梦兆来预卜战争的胜负了。

《左传》载僖公二十八年，晋楚之间爆发城濮之战，交战之前晋文公重耳梦见自己和楚庄王搏斗，被对方压在下面，并且吸吮他的脑浆。这个梦前面讲到过，是经典的反梦。无独有偶，楚国的统领子玉也做了梦："初，楚子玉自为琼弁、玉缨，未之服也。先战，梦河神谓己曰：'畀余，余赐女孟诸之麋。'弗致也。"

晋楚两军的交战地点在城濮，邻近古黄河，因此子玉梦见河神向他索要琼弁、玉缨。可是黄河在楚国疆域之外，楚人一向疏远黄河之神，子玉并没有依梦满足河神的要求。他的儿子大心和子西都劝他入乡随俗祭祀河神，可子玉坚决不肯。结果，城濮之战子玉大败，自觉无颜见申息两地的父老，就在连谷自杀了。

《左传》昭公十七年记载，晋国大夫荀吴率领大军巧妙地歼灭了陆浑戎。很少有人知道，这位能征善战的将领之所以获得了这次出战机会，竟是源于当时晋国执政者韩起韩宣子的一场梦。一晚韩起梦见晋文公携荀吴把陆浑之地送给他，他醒来后认为这是晋文公的灵魂在和自己沟通，他必须遵从先君的旨意，于是便将兵权授予荀吴。

待荀吴胜利后，韩起还特意在晋文公的宗庙举行献俘典礼，作为对先君告谕的回应。晋文公死在公元前六二八年，韩起执政始于公元前五四一年，荀吴灭陆浑在公元前五二五年，前后相距一百多年。无论是韩起还是荀吴，都无缘见到晋文公。文公出现在韩起梦中大概因为他是一代明君霸主，是晋国几代大臣崇拜的对象吧！

◎ 晋文公重耳像

晋代的王敦深受君王宠爱，因军功而拜南征大将军。可他恃功专权，欲谋反叛。就在王敦发动兵变之前，他梦见一木直破青天。他将自己的梦告诉许逊，许逊说："这不是好兆头。"当时吴猛同许逊一起拜见王敦，也在座，吴猛便解释说："木上破天，是个'未'字。您切莫轻举妄动呀！"可惜，王敦不听二人劝阻，执意起兵造反，最终落了个病死兵败的下场。

在动荡不安的历史时期，军事的成败至关重要，人们都渴望能够事先预测战争结果，久而久之就逐渐产生了"兵占书"。唐代的易静撰有《兵要望江南》，这是一部以词的形式写成的兵占书，其中的《占梦望江南》五首通过对将军之梦的占释来预测战争的胜负：

将军梦，天鼓大声鸣。小鼓小鸣军小胜，不鸣固守莫前征，胜负取其声。

将军梦，梦得夫鱼形。若得小鱼兵小胜，电光霹雳主军惊，此象最为灵。

将军梦，梦见汲波涛。忽与敌人相争竞，须采挑战莫轻交，坚守我门桥。

将军梦，天上作电鸣。破敌擒王看比兆，不拘月暗与阴晴，勇士向前征。

将军梦，身涉大高山。遇战必赢功显著，相逢斗敌急攻残，莫放片时间。

第二节 梦幻泡影
——梦与宗教

在中国古代，对“宗”的解释是“尊祖庙”“观乎天文以察时变示神事”，表现的是对神明、祖先的尊敬；“教”指教育、教化，侧重对神道的信仰，比如“神道设教”。由此看来，宗教一词至少体现了敬神明、教子弟的意思。现代意义上的宗教是人类社会发展到一定历史阶段出现的文化现象，是从神明信仰中引申出的一整套信仰认知及仪式活动。大部分的宗教还包含道德准则、神话著作，以及给予生命体验的宗教实践。

宗教常常会结合群体中原始的文化习惯和历史传说来发展，然而当我们把目光放在梦与宗教的关系上时，却发现两者的联系要密切得多。下面让我们从宗教的起源去探究梦与宗教的关系。

万事皆有因——梦与宗教的渊源

宗教的一大任务就是解释灵魂的去向问题，原始宗教的基础就是前文中提到的梦魂观念，灵魂在梦体验中得到证明。英国考古学家泰勒在梦魂观念上提出原始人在形成宗教前先有“万物有灵”的概念，从而形成了自然崇拜、图腾崇拜、祖先崇拜的信仰。从最开始，梦体验就被当作某种佐证，出现在宗教体系内。梦与宗教的关系，也是梦文化的重要组成部分。

◎ 虎图腾

宗教的核心是教义，包括思想观念和感情体验。梦体验作为一种主体心理体验，其神秘性和普遍性恰恰符合宗教体验的要求，所以在许多宗教中都将梦看作与神明交流的桥梁，从中得到指引，或者当作某种“神通”的证明，在佛教中就有许多与“外道婆罗门”在占梦方面的争斗故事。由此引申，我们可以看到宗教出于传教的需要，往往会创造、改编出梦体验，引发人们对教义的认同。

宗教离不开仪式，对梦而言，有祈梦、禳梦两种，在《周礼》中就提到由占梦官主持的祈禳活动。祈取吉梦、禳除噩梦，希望神灵在现实中可以赐福免祸，不同宗教中对两者的重视程度是不一样的，这与宗教对梦的认识观念有关。

梦文化与宗教相互碰撞造就了大量的文学作品，这部分内容会在后面的"梦与文学"中提到，我们关注的是其引发作者情感共鸣进而产生创作冲动的原因。梦体验与现实生活具有先天的对立性，无论是道教的神仙境界，还是佛教的西方极乐，都是通过对梦的肯定来实现对现实的否定；不是用虚幻的美好反衬现实社会的黑暗，就是用真假难辨的梦境来引导人们去除情欲、走向解脱。佛家就讲："一切有为法，如梦幻泡影，如露亦如电，应作如是观。"

梦中行处一时休——佛家的梦

佛教并不是中国土生土长的宗教，能够传入中国据说还与梦有关。据《后汉书·西域传》和《牟子·理惑论》载，东汉明帝在永平八年时，梦见一个神人，身带日光，通身金黄，飞到了宫殿前面，明帝看到后欣然喜悦。第二天明帝问群臣梦中之神是谁，傅毅说："这是天竺的佛。"于是，明帝派使者前往西域抄佛经，并画佛像广布天下。

佛教中关于梦的起因有"四梦""五梦"之说。据《毘婆沙论》里面记载，做梦有五种原因。一是他引，就是被其他事物或者别人所引导而做梦；二是曾更，就是以前自己经历过的事情；三是当有，就是将来会发生的事情在梦中预先出现；四是分别，就是日有所思夜有所梦；五是诸病，就是我们的身体不适造成做梦。《法苑珠林》中则将梦分为"四大不和梦、先见梦、天人梦及想梦"。这两种说法有互相重叠的部分，也符合前文中提到的分类方式，将民间信仰和佛法结合在了一起。

佛教这套系统的梦说确定了梦体验在佛教理论中的重要

地位，梦体验作为宗教体验被历代佛教人物用来传法喻世，占梦理论被用来证佛法、驱外道。中国僧人教授佛法时喜欢运用写梦的诗文，在《妙法莲花经讲经文》中就写到："寒更漏永睡绸缪，魂梦将心处处游。或见欢娱花树下，或逢寂寞远江头。或归乡井心中喜，或梦他乡客思忧。恰被晓钟惊觉后，梦中行处一时休。"梦本虚幻，以梦喻世，则自然会生发人生虚幻的感悟，佛教正是通过信仰者的梦体验来宣扬教义的。

佛家说："诸喻之中，梦喻最切。如梦中所见山川人物，万别千差，皆不离我能梦之心。"用梦喻来传法，可以直抵人心。《金刚经》中著名的六如偈"梦、幻、泡、影、露、电"，将梦喻排在首位，乃是因为"皆自妄想而成，亦如梦境"，带着种种妄想过日子，就和生活在梦中一样。正是这种巧妙的比喻引导众人顿悟，形成"梦悟"，使信仰者将主观体验和宗教教义结合起来，皈依佛门。

从佛教的梦说就可以看出，佛教是看重占梦的。在《隋书·经籍志》中就著录了一卷《竭伽仙人占梦书》，可能是佛教或者婆罗门教的占梦书。在《杂宝藏经》和《不黎先泥十梦经》中分别记载了两个故事，可以看作是佛教和婆罗门教通过占梦斗争的记录。《藏经》故事比较简单，故事中佛家的梦占一一应验，王最后皈依佛门，驱逐外道婆罗门远离国境。

"十梦"故事讲的是国王不黎先泥一夜做了十个梦，一梦见三只瓶，两旁两只满瓶中的气互相交往，却不入中间的空瓶。二梦见马口吃草，马的肛门也吃草；三梦见小树开花；四梦见小树结果；等等。王醒来觉得这些都是不祥之梦，就召唤百官和教徒来解梦。一个婆罗门说，这些都是噩梦，如要禳解，只有把夫人、太子及侍人等都杀掉祭神。王听了之后十分苦恼，将事情告诉了夫人，夫人于是向佛求助。

佛说："十梦都是来世之事。三瓶之梦，象征下一世的富贵者自相追随，不亲近穷人；食草之梦，象征后世官吏盘剥百姓；小树开花、结果，象征来世的人贪淫多余，不满三十就生白发，未满十五就出嫁生子，不知羞耻……诸梦都与夫人、太子无关，不能妄加杀害。"王听了之后，对佛万分感谢，从此不再相信外道婆罗门。

这两个故事反映了佛教在传播过程中和其他教派的争斗，故事中的佛教弟子不止在占梦方面比婆罗门灵验，而且教人慈悲、忌杀生，从神通和教义两方面吸引世俗的王投入佛门。相比之下，佛教在中国的占梦故事更多地从因果报应的角度吸引信众。

在《述异记》中，宋罗之妻病重难愈，但由于平时诵读《法华经》，于是梦中见佛，手如席大，醒后病很快就好了。又说北齐竟陵王崇佛礼僧，在身患热病之时，梦见金佛"手灌神汤"而痊愈，这些故事都说明了信佛的好处。

◎ 壁画中的白象和菩萨

佛家还借占梦来宣传"转世轮回"。《春渚纪闻》记载了这样一个故事。

湖州孙某在金兵入侵之前梦见一个僧人对他说："你前世所杀的冤家报仇来了。你让家人逃走，自己留下，若有人以刀破门而入，你先问他是不是燕山府李立，然后引颈受戮。他若不杀你，你们的冤仇就从此化解了。”事后果如僧人言。李立收刀叹息，原来两人都已诵读《金刚经》多年，于是结为异姓兄弟，李立保得孙家平安。

和很多世俗团体一样，佛教也记载了主要人物的诞生梦，其中最著名的就是佛祖释迦牟尼的诞生梦。迦毗罗卫国的净饭王和王后治国昌盛，但是多年无子。直到一晚，王后梦到一个人乘着六牙白象从左肋扑向怀中。净饭王请来的占梦家说，王后即将怀孕，会生出一个圣人。孩子出生的那天，净饭王正在朝中议事，忽然沉沉睡去。梦见一沙门长老遍体金光，手拿五色莲花，将莲花交予他，嘱咐好生栽培。醒来就听到孩子出生的消息，第二天他就给小太子取名乔达摩·悉达多，这就是后来的释迦牟尼。

黄粱犹未熟，一梦到华胥——道家的梦

大部分时候，道家对人自然生发的梦是持消极态度的，这从道家对梦因的解释就可以看出。道家认为做梦的原因是“梦妖”和“三尸”，其中“三尸”的形象更加具体和重要。“三尸”是居住在人体内的三条虫。上尸名彭踞，在人头中；中尸名彭踬，在人腹中；下尸名彭跻，在人足中。上尸好宝物、中尸好五味、下尸好女色，三尸会使人做噩梦。

《梦三尸说》中谈到，“三尸好惑人性，欲得早亡每至庚申日上谗于帝，请降祸于人，故人多夭枉祸厄”，“若忽梦起屋舍篱障者，是腹中尸虫共相依止。若梦与女子交通者，其尸虫会也”。在这里“三尸”不只是做梦的原因，更是常人遭受祸厄、难以成仙入道的原因。于是就有了服丹药、除三尸的做法。

“三尸”会在庚申日献谗于天帝，道士就会在当日彻夜不眠，称作“守庚申”。三尸将尽时往往也会有奇梦，《云笈七签》中讲：“若服丹砂有动者，当梦大火烧其屋宇，诸服药有应者，当梦父母丧亡、妻子被杀，或是姊妹兄弟之属，或女人，或冢墓破坏，失去棺椁，及被五刑死者，此是尸虫皆将消灭候。”有人还梦到“三人着古服立于堂阁，欲辞子，故来相告”。

一旦三尸除尽，便可以消除死籍，位列仙班，这里体现了道家“真人无梦、至人无梦”的思想。“古之真人其寝无梦”，《庄子》《列子》中都有这样的说法，相关的内容在本书第一章就有提到。然而，道教中的梦也有其积极的一面。“华胥梦”中的黄帝就在梦中来到道家的理想国度，得以进入道境。

道家陈搏老祖在《赠金励睡诗》中写道：“至人本无梦，其梦乃仙游。真人本无睡，睡则浮云烟。”至人、真人做的是游仙之梦，历史上有很多的游仙诗，如陆游的《梦华山》。李白说过自己学道时梦中往往游仙山。此外，道家的梦还包括天人感应和以梦悟道，这些梦不是每个人都能有的。总体上讲，道家对梦的看法还是比较消极，这点从道家的梦咒里就可以看得出来。

天神感应的梦观对道教的发展有很大作用。历史上皇帝们所做的许多奇梦就和道教有关系，其中最早的是汉桓帝“好老子之书，夜梦见老子，乃诏陈相为老子立祠”。当时道教尚在酝酿阶段，张道陵已在西蜀创立道派，奉老子为教主。桓帝在宫中用郊天之乐祀老子，用的是祭天帝的最高规格，客观上对道教的形成起了推动的作用。

老子姓李，李唐天子亦推崇道教。唐玄宗一生重道，令生徒学习《道德经》《庄子》《列子》等，并于天宝六年尊号老子“圣祖大道玄元皇帝”。《资治通鉴》记载，玄宗曾梦玄元皇帝，也就是老子，告诉他有画像在京城西南，应派人寻找。后来果然找到一幅画像，被玄宗迎至兴庆宫。唐玄宗时期的道士地位很高，甚至公主都以当道士为荣，著名诗人贺知章也请旨为道士还乡。

宋朝也是道教盛行的时代，宋真宗曾讲过他在梦中见到赵姓祖先赵元朗，并把他奉为道教尊神。后来的徽宗依然对道教十分着迷，直到国破家亡时身上还穿着道袍。《续资治通鉴》记载："帝常梦被召，如在藩邸时，见老子坐殿上，仪卫如王者，谕帝曰：'汝以宿命，当与吾教'。帝受命而出，梦觉记其事。"于是宋徽宗自称是帝君下凡，要道教尊称他为"教主道君皇帝"，将世俗王权和宗教领袖权同时掌握。

或许因为和世俗权力的联系更为紧密，道教的以梦造神范围更广，许多著名道士都有独特的诞生梦。《玄妙内篇》讲"玄妙玉女梦流星入口而娠"，讲的就是老子由"玄妙玉女"梦感而生。老子的学生尹喜之母"梦天下绛霄，流绕其身"。东晋许逊为道教十二真仙之一，"其母梦凤衔珠坠于掌上，玩儿吞之"，醒来就怀孕了。道教的以梦造神，有宗教的需要，也有政治的需要，政教互用，这一点是非常显著的。

道教的梦还有一类是悟道之梦，神仙常常会用梦来启示常人来放下世俗、入道修仙。"黄粱梦"就是这样的故事，最早见于唐传奇《枕中记》。小说中有两个主要人物，一是"得神仙术，行邯郸道中"的道士吕翁，另一个是自叹穷困、郁郁不得志的儒士卢生。吕翁给了卢生一个枕头，卢生便开始进入梦境。在梦中位及人臣，享尽荣华，直到遭人诬陷，被贬入狱，卢生才悠然醒来。人生如梦，同佛教相似，道教也是用梦境的虚幻来否定现实，将梦体验与宗教教义相结合。

到了元代，全真教受到尊崇。杂剧作家马致远按照《枕中记》的结构，创作了《黄粱梦》。故事的主人公由卢生变为“八仙之一”的吕洞宾。剧中的吕洞宾一心求取功名，对钟离权的点化不理不睬，直到黄粱一梦，体会到了功名利禄的苦难，才追随钟离权修道去了。这部作品有不短的篇幅用来描写吕洞宾修道之后自由的生活，与梦中表面繁华的经历有天壤之别。增加的这部分内容，实际上是道家从单纯地否定现实生活，演变为宣传入道修仙的好处，表现了道教在传教方面的发展和变化。

第五章

梦入江南烟水路
—— 梦与文学、艺术

梦文化自人类文明产生之初就一直活跃在历史舞台上，梦是文学的触媒，为文学插上了理想的翅膀。文学因梦而美丽，梦因文学而升华。

◎ 张大千《海棠春睡图》

梦是中国古代文学作品中的常客。古代文人特别善于通过梦象建构和梦境描写来展示自己的理想世界，对梦的描绘与阐释构成了古代文学中一条非常独特、美丽而又充满深刻内涵的风景线。文人笔下的梦早已不单单是生理学名词，它成功蜕变成了一个表达自我与心灵、潜意识与情感，乃至哲理思想的术语，文学作品中的梦透射出的，是文人的心态和情感。

第一节 大历、蝴蝶与骷髅
——散文中的梦

追溯梦在中国古代文学中的开端，也许有人会提到甲骨卜辞、《诗经》、《周易》和《论语》，这些文献中确实留有梦的痕迹，但它们都不能代表先秦时代“梦”在文学领域内的辉煌成就。真正可称得上梦文学开端的文献有两部：一是《左传》，二是《庄子》。

《左传》作为一部史书，耐心地记载了春秋时代出现过的形形色色的梦，其中大量的梦境描写笔力强健、富含深意，相对而言，《左传》的记梦规模在古代史书中空前绝后；《庄子》作为道家学派的扛鼎之作，通过神秘诡谲的梦境描写，首次为梦赋予了深邃的哲学、美学和文学内涵，堪称中国“梦文学”开山鼻祖。

叙妖梦以垂文——《左传》中的梦

《左传》是中国古代第一部重要的史书，它着重记述了春秋时期各个封国的兴衰荣辱和军国大事，也集中展现了王侯、贵族、官僚以及社会名人的言行。《左传》共记梦二十七条，做梦者包括诸侯公卿、将相臣僚、嬖人宠妾和贩夫走卒，作者用了相当大的篇幅描绘那些稀奇古怪的梦境和神乎其神的占梦过程，将梦的发生与历史的演变紧密联系在一起。

《左传》里的梦几乎全是预见性的。虽然这种预见性多数要靠史官或神巫来占断，但当时的王侯将相还是相当虔诚地根据梦的预见来决定人事及指挥战争。全书所记之梦必有其验，仿佛梦的吉凶应验就是早注定了的，谁也无法抗拒。

《左传》在描述这些梦象和占验时，总是在神秘的外衣下隐匿着某种合理性。虽然这里不乏以己之心揣度神灵的痕迹，但神的意图却在梦者的潜意识中显示出一定的生活逻辑。当然，《左传》作者还是受到了占梦迷信的强烈影响，这一点是必须承认的。《晋书·艺术列传》序中曾评述说：“丘明首唱，叙妖梦以垂文。”

《左传》中的梦在前文中多有提到，此处再来讲两出颇有戏剧性的连环梦。

《左传》哀公十六年记载了卫庄公的梦引发的一场“蝴蝶

效应”。

某一天，卫庄公蒯聩请人为自己占梦。可巧，他的宠臣这个时候正因为向大叔遗要酒不得而记恨他，就和占梦官勾结起来，对卫庄公说：“你有大臣在西南角上，不除掉他，怕有危害。”卫庄公不疑于他，按照占梦官所言驱逐了大叔遗，大叔逃亡晋国。

刚刚勾结孔悝赶走了自己儿子出公才登上王位的卫庄公本来就根基未稳，这一下更是大伤元气。一年后，正是在晋国的干预下，庄公再一次被儿子赶下了台，被迫流亡宋国。本来平静的卫国政权连续三年两场政变，从此陷入混乱之中，卫庄公和大叔遗之间由梦产生的矛盾几乎摧毁了一个国家。

再次流亡前，卫庄公还做过一个关于复仇的梦，他梦见有一个人登上了昆吾观，披着头发面向北方诵叹：“登此昆吾之墟，緜緜生之瓜。余为浑良夫，叫天无辜。”此人正是助庄公登位的浑良夫。浑良夫身为功臣却被庄公卸磨杀驴，不到一年就枉死在庄公太子手中。也许正是在他冤魂的影响下，庄公才没能逃过下台这一劫。

《左传》成公十年记载了晋景公梦见厉鬼这件事。

一夜，睡梦中的晋景公突然“梦大厉被发及地，搏膺而踊，曰：‘杀余孙，不义。余得请于帝矣！’”“大厉”就是恶鬼，这个恶鬼披发左衽，凶悍无比地出现在景公的梦中，叫嚷着要为自己的孙子报仇。这个恶鬼是谁，他的孙子又是谁？他与晋景公之间又有怎样的深仇大恨呢？

原来这个厉鬼正是晋文公时期的大功臣赵衰，他的孙子就是大名鼎鼎的“赵氏孤儿”的父亲赵朔。赵朔病死后，晋景公忌惮赵家权势，灭了赵氏满门，仅留下赵朔的幼子、自己的亲外甥赵武一人。正是这灭门之恨才引出了赵衰的亡灵。景公做此噩梦之后，心中充满恐惧，不久病重。

晋景公就是做了“膏肓之梦”，最后一头栽进粪坑摔死的那个人。有趣的是，为一己私欲就杀人无数的晋景公，在人生的最后阶段，从梦见厉鬼到一头摔死的整个死亡过程，竟都在梦中被直播了出来。

《左传》中的梦摆脱了甲骨占梦卜辞中干瘪乏味的简单主宾句模式，开始出现较为复杂的语法结构和相对丰富的词汇。具有鲜明的主观能动性的梦意象出现在《左传》之中，这是梦文化发展史上跨出的一大步。《左传》中拥有完整的故事情节、真实的环境氛围和神秘莫测的预兆性的梦向世人表明，真正意义上的梦文学已经缓缓朝我们走来。

庄生晓梦迷蝴蝶——《庄子》中的梦

在中国思想史和文学史上，《庄子》一直以其瑰丽的风格、神奇的想象、所承载的深刻哲学思想，为后人津津乐道。《庄子》三十三篇中有十篇与梦相关，如此高的比例在先秦典籍中是独一无二的。庄子首先提出了“真人无梦”的观点，他独具开创性的“蝴蝶梦”“骷髅梦”等寓言都对中国古典哲学和文学的发展，产生了深远的影响。

“蝴蝶梦”见于《庄子·齐物论》。从前庄周梦见自己变成一只翩翩飞舞的蝴蝶，遨游各处悠然自在，根本不知道自己原来是庄周。忽然醒过来，自己分明是庄周。不知道是庄周做梦为蝴蝶呢，

◎ 庄周梦蝶图

还是蝴蝶做梦化为庄周?

庄周和蝴蝶必然是有所分别的,但究竟是庄周梦还是蝴蝶梦,却难以弄清。其实也不必弄清,因为庄周与蝴蝶都是非本质的现象,是相对的、是暂时的。真正永恒不变的绝对本质是道,道化为万物。万物都不过是道的幻象,就如同梦象中的庄周和蝴蝶一般。

“庄周梦蝶”的故事以梦境与现实或即或离的状态,怀疑现实、人生,乃至人的主体存在性,其中所包含的“齐物”“物化”等思想后来成为道家学派的中心内容。从《庄子》起,中国古代文学中形成了一种传统,即所谓的“以梦境与实境的对比,来观照现实社会的荒诞,透示人生自我的虚无,从而召唤精神幻想的永恒”。

“骷髅梦”见于《庄子·至乐篇》。

有一次庄子到楚国去,路上看见一个骷髅,空枯成形,他就用马鞭敲敲骷髅,然后问道:“先生是因为贪生背理而死的,是因为国家败亡,遭遇斧钺的砍杀而死于战乱的,是因为做了不善的行为,玷辱父母、羞见妻儿而自杀的,是因为冻饿之类的灾患而致死的,还是年寿尽了而自然死亡的?”庄子问完后就枕着这个骷髅头睡着了。

半夜,庄子梦见骷髅对他说:“你这人说话好像辩士。你要听听人死后的情形吗?”庄子说好,骷髅就接着说:“死了以后上面没有君主,下面没有臣子,也没有四季的冷冻热晒。从容自得,与天地共长久,君王的快乐

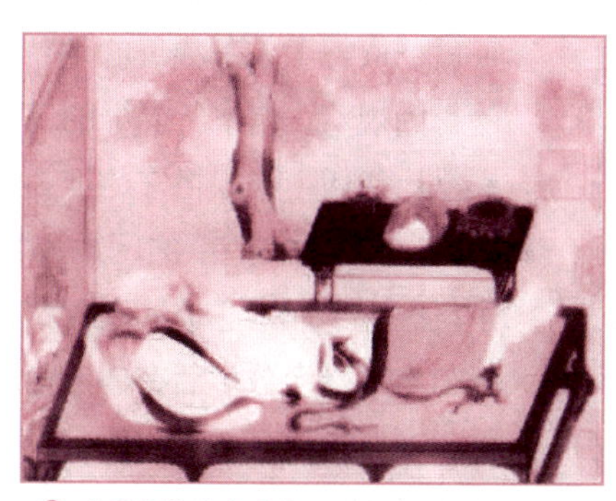

◎ 庄子枕骷髅头而眠

也不能胜于此呀!”庄子不相信,他说:“我让掌管生命的神灵恢复你的形体,还给你骨肉肌肤,把你送回到父母妻子那里,你愿意吗?”骷髅听了,不情愿地说:“我怎么能抛弃君王般的快乐而回到人间去受苦呢?”

庄子用“骷髅梦”说明生者的累患与死者的至乐,表达了摆脱“贪生失理”“亡国之事”“斧钺之诛”“不善之行”“冻馁之患”等生之累患,以拥有“无君无臣”“无四时之苦”的“至乐”境界的愿望。在对死的至乐的肯定中,庄子表现出明显的生不如死的弃世思想。

如同“蝴蝶梦”一样,庄子的“骷髅梦”也成为后世文人追逐、歌咏、抒写的重要题材。汉魏六朝,许多人都写过《骷髅赋》。生为劳役、死为休息,死乃归于道、归于自然之至乐的思想成为古时朝不保夕、忧生嗟患的文人们共同的慨叹。

《庄子》中还有一些奇特的梦,其中所蕴含的哲理无一不是庄子重点阐释的思想。比如,“神龟梦”批评的是“聪明反被聪明误”的不明智,“郑人托梦”写出了对自以为是者的批判,“栎社梦”则宣扬要以所谓“无用之用”来保全生命的观点。

在中国的思想领域中,孔子及其儒家伦理早在汉武帝时期就已取得了天下独尊的地位而得以普及推广,成为士子们的行为规范。儒家所倡导的谨言慎行、中规中矩、仁爱孝悌等都是历代儒生必须恪守的准则。

这时,“蝴蝶梦”的闲适和“骷髅梦”对于人生的透悟就成了抚慰士子浮躁心灵的一种寄托与聊以自嘲的工具。这种寄托与自嘲是多数生活在儒家伦理重压下的士子都曾有过的感伤。在后世诸多的文本中,都可以发现庄周这只曼妙蝴蝶的身影,发现这种对人生终究一场幻梦的感伤。

更为重要的是，庄子美学对于世俗之累的厌恶和对于清静自然的追求，深深地影响着后人所创作的梦文学。不管是“人生如梦”的喟叹还是“黄粱”“南柯”的无奈，都是庄子思想的一种延续。在消极的背后，庄子的梦实质上是对于人生的深层感悟和体验，所蕴藏的是“小无换大有”的人生智慧，正所谓“退一步海阔天空”。

夜来携手梦同游——汉代以后的梦与文

随着占梦文化的下移，有关梦的描写渐渐淡出史书，不过它们从未真正离开过。《三国志》中记载了赵直、周宣的占梦事迹，《晋书》中有关于索紞的描写，《新唐书》中还绘声绘色地讲述了狄仁杰为武则天占鹦鹉折翼之梦的故事。

随着文人著书规模的不断扩大，很多文集中出现了文人自述的梦。我国古代著名的文艺理论家刘勰就颇爱记梦。在《文心雕龙》的《序志篇》中，他追忆了自己七岁与三十岁左右做的两个梦。

予生七龄，乃梦彩云若锦，则攀而采之。齿在逾立，则尝夜梦执丹漆之礼器，随仲尼而南行。旦而寤，乃怡然而喜。大哉圣人之难见哉，乃小子之垂梦欤！自生人以来，未有如夫子者也。

刘勰自小崇拜孔子，自言七岁时就梦见过“彩云若锦”，而立之年梦见自己捧着典礼所用的丹漆礼器随着孔圣人一路向南。他醒来后十分兴奋，决心追随圣人的足迹，“搦笔和墨，乃始论文”，《文心雕龙》由此应运而生。在崇尚玄虚与佛陀的南朝，刘勰遗世独立，坚持着自己的圣人情怀，孔子曾慨叹几日不梦见周公便惶恐失落，刘勰对孔子也有同样深刻的感情，他文章的主导思想始终没有离开儒家的原道与忧患意识。

汉代以后，真正唱主角的梦文有两类：一类是儒释道三家的博弈；一类是各种各样名目繁多的解梦书。这些梦文前面已有介绍，此处不加赘述。

第二节 神女与鬼怪
——辞赋中的梦

对梦文学的发展而言，梦赋的出现是一件意义非凡的事。在辞赋文学中，不仅有“神女梦”等引起后人无限遐想的经典梦意象，还出现了中国文学史上第一篇以“梦”为题的文学作品。从两汉开始，梦文学正式走上了历史舞台。

何神女之姣丽兮——宋玉笔下的梦

◎ 宋玉像

宋玉是继屈原之后楚辞创作的代表性作家。作为楚辞与汉赋之间的过渡人物，他以屈原的骚体为基础开创了“赋”这种新体裁，创作了不少优秀的赋体作品。对于梦文学来说，宋玉更是一个值得记住的名字，他的《高唐赋》《神女赋》以及其中“神女梦”的意象，堪称梦文学史上一座重量级的里程碑。

在奉楚顷襄王之命所作的《高唐赋》和

《神女赋》中，宋玉描述了两段令人心驰神往而又惆怅不已的梦境，用错彩镂金的笔调刻画了“巫山神女”充满朦胧之美的梦意象，为中国文学史留下了第一位风流婉转、婀娜动人的美人形象。

宋玉对这位美人的塑造是在《高唐赋》和《神女赋》两篇中完成的。这两篇赋相对独立，各自交代了一个完整的故事，可故事本身却是紧密关联的。楚顷襄王之父楚怀王因梦遇温柔多情的神女而情不自禁，修建了巫山朝云庙；数年之后，楚顷襄王来到这里，遥望高唐而梦得美人。父子二人的艳遇实际就是“神女梦”的上下篇。

如果说《高唐赋》交代的是“神女梦”的故事梗概，那么《神女赋》的贡献就在于塑造出了一个活灵活现的美人形象；如果说《高唐赋》的巫山神女还只是一位“旦为朝云，暮为行雨”的朦胧女子，那么《神女赋》中的神女已然是一副曼妙无双、令人炫目的清晰模样。两篇作品合力勾描了一个美丽的梦意象。

《高唐赋》中对“神女伺寝”的渲染在“自荐枕席”之处戛然而止，但在《神女赋》中，宋玉借着楚顷襄王之口，对“只可远瞻、不能近狎”的神女之美艳进行了不遗余力的描摹：

◎ 巫山神女图

晔兮如华，温乎如莹。五色并驰，不可殚形。详而视之，夺人目精。其盛饰也，则罗纨绮缋盛文章。极服妙采照四方。振绣衣，披袿裳。襛不短，纤不长。步裔裔兮曜殿堂。忽兮改容，婉若游龙乘云翔。

这位如梦似幻的女子有着雨一样灵动的容貌，云一般绵软的身姿。她的美眸炯炯动人、流转有神，她的细眉如蚕蛾飞扬，她的红唇似朱砂点过，她的身段妖娆柔弱，她的神态娴雅安适。她盛装而来，光艳照人。她时而文静端庄，时而婉转起舞。这样一位绝美女性形象的出现，很大程度上反映了当时人们对女性审美的发现与追求。

相对于中原儒家的温文尔雅，楚风要来得热情奔放得多。宋玉笔下神女身上处处散发着妖艳浓郁的楚风，她的香艳迷人与中原女子的温柔敦厚形成了巨大的反差。《关雎》《蒹葭》中的美人固然美，却总像隔着一层不可逾越的屏障，可遇而不可求，可见而不可得。《高唐》《神女》中的仙女最不同凡响之处就在于，她不仅高贵雅致，还能在情投意合之时自荐于帝王，这一点满足了无数人心中的幻想。

与先秦其他记梦文献不同，宋玉的《高唐》《神女》中的梦只是对一种美好情愫的向往和表达，没有占卜和迷信，没有承担政治教化的重任，唯有梦境本身呈现出的愉悦情感。

巫山神女的形象符合先人的审美观念，她的出现为中国梦文学史带来了第一缕绵艳之风。“神女梦”这个美丽的意象后来成为中国传统文化中描绘男女情谊的代名词，寄托着人们对美好情感的期许与神往。

何妖孽之敢臻——汉赋中的梦

作为一代文学的代表，汉赋在中国文学史上有举足轻重的地位。在汉赋中，王延寿的《梦赋》翻开了梦文学的新篇章。

王延寿是一位命途多舛的文学天才，他是楚辞学家王逸之子，少有隽才，曾周游鲁国，可惜年仅二十余岁便溺死于湘水。这位早熟、早夭的彗星式人物，在辞赋史上留下了《鲁灵光殿赋》《梦赋》和《王孙赋》三篇杰作，为自己赢得了魏晋前十家“辞赋之英杰”中的殿军地位。在《梦赋》中，王延寿颠覆了以往任何时候人们对梦所表现出的无条件顺从，展现出前所未有的抗争精神——

余夜寝息，乃有非恒之梦。其为梦也，悉睹鬼神之变怪，则蛇头而四角，鱼首而乌身，三足而六眼，龙形而似人。群行而辈摇，忽来到吾前。申臂而舞手，意欲相引牵。

作品开宗明义，王延寿作此赋是因为对自己亲身经历的梦体验的一种感悟。以自述的形式和第一人称的视角来描写梦，这在过去的文本中从未出现过，是梦文学发展过程中作家的一种创作自觉。尽管《梦赋》的文学价值难以与《高唐》《神女》抗衡，但它的独特意义就在于，其表露出来的文人对带有个人强烈情感的文本之梦的创作自觉。

于是梦中惊怒，腷臆纷纭，曰：“吾含天地之纯和，何妖孽之敢臻。”乃挥手振拳，雷发电舒。戢游光，轩猛跣。狒猤，斫鬼魑，捎魍魉，荆诸渠，撞纵目，打三头……鬼惊魅怖，或盘跚而欲走，或拘挛而不能步．或中创而婉转，或捧痛而号呼，奄雾消而光蔽，寂不知其何故，嗟妖邪之怪物，岂干真人之正度。耳聊嘈而外朗，忽屈申而觉寤。

在这篇作品当中，王延寿着力刻画了一个激动人心的梦境——与鬼怪抗争的梦境。他大声斥责打扰他睡眠的梦中鬼怪，很严肃地宣称“吾含天地之纯和，何妖孽之敢臻”。这种对梦和鬼怪的态度，与先秦时代人们的诚惶诚恐，形成了鲜明的对比。

更为石破天惊的是，作者还在梦中与这些鬼怪大战起来。赋中用一系列的三字短句将斗争的紧张气氛渲染得动人心弦，让人喘不过气来。最后，这些曾被古人顶礼膜拜了千百年的梦中鬼怪竟然不堪一击，轻易沦落到“鬼惊魅怖。或盘跚而欲走，或拘挛而不能步。或中创而婉转，或捧痛而号呼”的地步，只能落荒而逃。这段叙述如同好莱坞大片一样，既紧张刺激，又酣畅淋漓。

相对梦意象刻画细腻逼真，王延寿在此所表露出的对人的主体力量的发现，更值得后人注意。眼前的这个梦意象对“梦”和“梦中鬼神”的态度，与此前的作品大相径庭，《梦赋》对梦的态度既不是敬畏，也不是利用，而表现出了一种强有力的主体抗争力量。

除了因拥有独特的朗朗英气，而使王延寿的《梦赋》在中国文学史上独树一帜外，它还是梦文学发展史上较早对梦象进行正面描写的作品之一。《梦赋》清晰地记载了王延寿所做之梦的全过程，从梦中鬼神的嚣张气焰到王延寿义正词严的申斥，再到忍无可忍对这些妖魔鬼怪的大打出手，最后是小鬼们的落荒而逃，这篇赋完整地记述了一个奇异诡谲的梦境，使后人读时如临其境、感同身受。

◎ 汉武帝《李夫人赋》

此外，汉赋中还有不少涉及梦或与梦相关的名作。汉武帝曾亲自撰写过《李夫人赋》，借助欲在梦中与李夫人相会而不可得的遭遇，抒发自己对这位宠妾的喜爱与怀念之情。司马相如的《长门赋》、班固的《通幽赋》、张衡的

《思玄赋》和《骷髅赋》等赋作也为梦文学的进一步发展和繁荣做出了自己的贡献。

髣髴兮若轻云之蔽月——两汉以后辞赋中的梦

汉代以后，梦赋的创作并没有停下脚步。三国时期，魏国文学家曹植的《洛神赋》堪称梦幻文学的典范之作。

唐代的李善在为《昭明文选》作注时曾写过一个关于曹植与嫂嫂甄后之间凄美的爱情故事。这个故事还有另外一个版本，是曹植自己写在《洛神赋》开头的。公元二二三年，政途失意的曹植离开洛阳回封地鄄城，途经洛水时忽然神思恍惚。仿佛间看见岩石旁站立着一个绝代佳人，她就是洛水女神宓妃。

他情悦心荡，叹无良媒，解玉佩以邀之。宓妃亦以琼珶相赠，互诉衷情。虽然最终不能结秦晋之好，但曹植心中永远留下了这样一个美好的倩影，他用绚烂无双的文笔挥毫写下了今天我们所看到的这篇《洛神赋》。

◎ 洛神赋图

其实，不管曹植遇到的是甄后还是宓妃，都不能掩盖《洛神赋》本身超拔脱俗的艺术价值。这篇赋以梦幻笔法叙写了人神相恋的全过程：从江边相遇到王孙赠玉，再到美人回赠、两情相悦，最后终因人神道殊而含情痛别。其中，曹植倾己所能、以非凡的艺术创造力勾勒出了洛神最为绰约的风姿。

其形也，翩若惊鸿，婉若游龙，荣曜秋菊，华茂春松。髣髴兮若轻云之蔽月，飘飖兮若流风之回雪。远而望之，皎若太阳升朝霞。迫而察之，灼若芙蕖出渌波。秾纤得衷，修短合度。肩若削成，腰如约素。延颈秀项，皓质呈露，芳泽无加，铅华弗御。云髻峨峨，修眉联娟，丹唇外朗，皓齿内鲜。明眸善睐，靥辅承权，瑰姿艳逸，仪静体闲。柔情绰态，媚于语言。奇服旷世，骨象应图。披罗衣之璀粲兮，珥瑶碧之华琚。戴金翠之首饰，缀明珠以耀躯。践远游之文履，曳雾绡之轻裾。微幽兰之芳蔼兮，步踟蹰于山隅。于是忽焉纵体，以遨以嬉。左倚采旄，右荫桂旗。攘皓腕于神浒兮，采湍濑之玄芝。

“我”钟情于神女的淑美，不觉心旌摇曳。可惜一时找不到良媒说亲，只好解下“我”的玉佩寄情。神女有感于“我”的虔诚，盘桓在洛水边与“我”互诉衷肠。

于是洛灵感焉，徙倚彷徨。神光离合，乍阴乍阳。竦轻躯以鹤立，若将飞而未翔。践椒涂之郁烈，步蘅薄而流芳。超长吟以永慕兮，声哀厉而弥长。尔乃众灵杂遝，命俦啸侣。或戏清流，或翔神渚。或采明珠，或拾翠羽。从南湘之二妃，携汉滨之游女。叹匏瓜之无匹兮，咏牵牛之独处。扬轻袿之猗靡兮，翳修袖以延伫。体迅飞凫，飘忽若神。凌波微步，罗袜生尘。动无常则，若危若安。进止难期，若往

◎ 洛水边的曹植

若还。转眄流精，光润玉颜。含辞未吐，气若幽兰。华容婀娜，令我忘餐。

然而，人神殊途，“我”与洛神终是有缘无分、结合无望，依依惜别更见凄艳哀伤，令人感叹。《洛神赋》中这段凄美的爱情故事真挚无邪，浪漫苦涩。才高八斗的曹植留下了中国文学史上最美的幻影之一。

唐代刘禹锡的《问大钧赋》中说自己一再遭贬，久不得遇。不知道这是为什么，只好斋戒问神。天神大钧被刘禹锡的赤诚打动，他现身梦中，规劝刘禹锡要去智厚愚、剔刚纳柔、勿存名肠、勿作压人之势。刘禹锡听过天神的教诲后，感觉驰神清元，忙拜手稽首。这篇赋具有强烈的讽刺性，有针砭时弊的意味。

元代杨维祯的《方竹赋》是一篇咏物佳作。赋中写他寓宿主人家时，见其庭中之竹外方中坚，扣之如石。他觉得方竹长得煞是奇怪，于是戏评这竹子是“才不适用，名浮其实”。当天晚上他就梦见一个玄叟，玄叟梦中抨击世人“喜圆恶方”，畅述自己以不才为用的思想。杨维祯梦中醒来，悟方竹之方实乃“大圆”。这篇赋欲扬先抑，表达的是愤世嫉俗的心态。

此外，前人的“蝴蝶梦”“骷髅梦”“五色笔”等都成为后世赋作常常引用的素材，“蝴蝶赋”“骷髅赋”“五色笔赋”等作品大量涌现、不绝如缕。

第三节 悲欢离合总是情
——诗词中的梦

乃寝乃兴，乃占我梦——《诗经》中的梦

《诗经》首篇《关雎》曰："窈窕淑女，寤寐求之。求之不得，寤寐思服。""寤寐思服"就是指人在梦境之中仍会思念，这类梦中思归、梦中思妇的诗在后世极为常见。不过，《诗经》中还有一类梦诗很有时代特色，它就是"占梦诗"。《小雅·斯干》《小雅·无羊》都是以占梦为题材的著名作品。

《小雅·无羊》描写的是丰收场面，诗中"牧人乃梦：众维鱼矣，旐维旟矣。大人占之：众维鱼矣，实维丰年。旐维旟矣，是家溱溱"中，牧人因梦蝗虫变成鱼、龟蛇旗变成鸟隼旗，醒来后占得这是丰年和家室兴旺之兆，体现了梦文化从神性到人性的转移。而"鱼"这一意象，也成为中国文学史上常见的母题。

《小雅·斯干》是一首周王室宫殿落成典礼上唱的歌，诗歌的后半部分描写了乔迁新居的周贵族所做的好梦。

秩秩斯干，幽幽南山。如竹苞矣，如松茂矣。兄及弟矣，式相好矣，无相犹矣。

似续妣祖，筑室百堵，西南其户。爰居爰处，爰笑爰语。

约之阁阁，椓之橐橐。风雨攸除，鸟鼠攸去，君子攸芋。

如跂斯翼，如矢斯棘，如鸟斯革，如翚斯飞，君子攸跻。

殖殖其庭，有觉其楹。哙哙其正，哕哕其冥，君子攸宁。

下莞上簟，乃安斯寝。乃寝乃兴，乃占我梦。吉梦维何？维熊维罴，维虺维蛇。

大人占之：维熊维罴，男子之祥；维虺维蛇，女子之祥。

乃生男子，载寝之床。载衣之裳，载弄之璋。其泣喤喤，朱芾斯皇，室家君王。

乃生女子，载寝之地。载衣之裼，载弄之瓦。无非无仪，唯酒食是议，无父母诒罹。

“维熊维罴，维虺维蛇”，这里熊、罴同义、虺、蛇同义，原来主人家梦到的是熊罴和虺蛇这两种动物。那这个梦能预示什么呢？它预示的就是这个家族定会多子多福，生下的男孩儿都会成王成侯、富贵一生，生下的女孩儿也能温柔贤淑、顺遂终身。

《斯干》中的“熊罴梦”和“虺蛇梦”都象征着生育后嗣，这反映出中国古代一种非常重要的家族观念——多子多福观。当自家雄伟壮丽的宫殿落成时，主人家最想听到的祝福就是早生贵子、多子多福，这样家族的血脉才可以绵延不绝。香火不断、社稷永存是中国古人的永恒追求，熊罴梦作为最早的梦意象，它的出现正说明了子嗣对于一个家族乃至整个国家的重要意义。

“熊罴梦”自《小雅·斯干》起受到众多文人的青眼看待。唐代刘禹锡有诗云“闻彼梦熊犹未兆，女中谁是卫夫人”“幸免如新非分浅，祝君长吟梦熊诗”；宋代王安石也写过“贤者宜有后，固当梦熊罴”。熊罴梦还经常出现在古人的书信中，曾国藩家书中常有“闻大弟将来有梦熊之喜，幸甚”“温弟妻妾，皆有梦熊之兆，足慰祖父母于九泉”之类的字句。

十年一觉扬州梦——唐代诗词中的梦

当魏晋南北朝乱世的硝烟渐渐散去，时间的车轮滚动到了隋唐两宋这个文学发展蔚为大观的时代。唐诗与宋词，中国文学史上最璀璨的两颗明珠开始闪耀。在这个时代里，几乎每一位诗人、词人都曾写过与梦相关的作品，利用梦的形式述说过自己的心声成了时代的新风尚。

李白的《梦游天姥吟留别》演绎了盛唐的恢宏气势；杜甫的两首“梦李白”将前辈诗人的一生写尽，引人无限感慨；敏感多思的李商隐在梦里品尝着细腻含蓄的感伤；杜牧的“十年一觉扬州梦”在对那繁华温柔乡的无限怀念中，为唐盛世的终结做了最悲恸的注脚。

于是，后主浅唱着“梦里不知身是客”走来，他点点血泪梦到的都是家国之痛；苏轼轻唱着“人生如梦，一樽还酹江月”走来，抒发了“夜来幽梦忽还乡”的悲哀；李易安低吟着“彷佛梦魂归帝所”姗姗走来，时代的悲剧让大家闺秀“永夜恹恹欢意少，空梦长安，认取长安道”；最后，陆游来了，他高唱着“铁马冰河入梦来”，他念叨着“梦游信脚到华胥”，然而就是这样一位不忿的斗士，也有“梦断香消四十年”的苦楚悲哀。

在这里，我们实在无法囊括唐宋两代所有精湛的梦诗、梦词，只好则其中二三精华，略做介绍，区区管窥，岂能照一隅哉！

盛唐诗歌有一个代称，那就是李白。没有谁的诗比李白的诗更能体现那个一切都被扩大了的时代的风采。充满浪漫主义气息的李白创作了很多与梦相关的诗，“天长路远魂飞苦，梦魂不到关山难”，“闲来垂钓碧溪上，忽复乘舟梦日边”都是流传千载的名句。在他的这些梦诗中，最著名的就是那首传唱千古的《梦游天姥吟留别》：

◎ 李白像

海客谈瀛洲，烟涛微茫信难求。

越人语天姥，云霞明灭或可睹。

天姥连天向天横，势拔五岳掩赤城。

天台一万八千丈，对此欲倒东南倾。

我欲因之梦吴越，一夜飞渡镜湖月。

天宝三年，李白被唐玄宗赐金还乡，这是他政治生涯中的一次重大挫折，与当初“仰天大笑出门去，我辈岂是蓬蒿人”的快乐欢欣形成了鲜明的比照。离京之后，他曾与杜甫、高适一同到梁、宋、齐、鲁等地游历，也曾在东鲁朋友家中休养。这首诗就作于他离开东鲁前往浙江游历之时。

诗中李白先借海上虚无缥缈的瀛洲来烘托出云雾笼罩下的天姥山的美景，眼前秀美的山川景色使得他萌生了探游的愿望。于是“我欲因之梦吴越，一夜飞度镜湖月”，一代诗仙进入了梦游的境界。

湖月照我影，送我至剡溪。

谢公宿处今尚在，渌水荡漾清猿啼。

脚著谢公屐，身登青云梯。

半壁见海日，空中闻天鸡。

千岩万壑路不定，迷花倚石忽已暝。

熊咆龙吟殷岩泉，栗深林兮惊层巅。

云青青兮欲雨，水澹澹兮生烟。

列缺霹雳,丘峦崩摧。

洞天石扇,訇然中开。

青冥浩荡不见底,日月照耀金银台。

霓为衣兮风为马,云之君兮纷纷而来下。

虎鼓瑟兮鸾回车,仙之人兮列如麻。

梦里的李白不仅深为这奇伟瑰丽的景色所着迷,他还欣喜地看到了“霓为衣兮风为马,云之君兮纷纷而来下。虎鼓瑟兮鸾回车,仙之人兮列如麻”这种众仙相迎的盛大场面。官场上的失意带给了恃才气傲、自视甚高的“谪仙人”深深的痛苦,于是人世间的不如意就被他置换成了梦中的春风自得。

不过,李白毕竟是李白,梦中短暂的虚拟繁华不能解决人世间的任何问题,于是“忽魂悸以魄动”,李白要回到现实之中来。

忽魂悸以魄动,怳惊起而长嗟。

惟觉时之枕席,失向来之烟霞。

世间行乐亦如此,古来万事东流水。

别君去兮何时还?且放白鹿青崖间,须行即骑访名山。

安能摧眉折腰事权贵,使我不得开心颜!

梦幻中的一切再荣耀、再美好,也都只是一场梦幻,梦中的五彩云烟,虽然美丽,却是注定要消散的。对李白来说,梦更多的是一种超越。借助梦的形式,他可以“一夜飞渡镜湖月”,他可以体验到众仙迎接的荣光;借助梦的形式,他可以随意塑造出人世间所看不到的美景盛况,可以尽情地表达自己的喜怒哀乐。

然而,对李白来说,“梦”又不仅仅只是一个形式。他所要表达的并不是神奇、灵异的梦,他要做的是借助于梦这个载体,抒发自己欲图倾吐的情怀。梦,在李白手中,已经演变为文人们能够自由运用的一种形式载体了。

当李白落拓的身影慢慢远去时，又一个落拓的身影慢慢朝我们走来。杜甫，一代诗圣，他携着两首《梦李白》而来。公元七五八年，李白因加入永王李璘的幕府而被远放夜郎，当时身在秦州的杜甫听闻消息，忧心忡忡而作《梦李白》二首。这两首诗中，现实主义的诗人将浪漫的梦演绎得淋漓尽致。

死别已吞声，生别常恻恻。
江南瘴疠地，逐客无消息。
故人入我梦，明我长相忆。
君今在罗网，何以有羽翼？
恐非平生魂，路远不可测。
魂来枫林青，魂返关塞黑。
落月满屋梁，犹疑照颜色。
水深波浪阔，无使蛟龙得。

◎ 杜甫像

第一首中，杜甫表达了对李白境遇的深深忧虑，“江南瘴疠地”，你是否还安然无恙？我梦中的那个你该不会是你的魂魄吧？山高路远，水深浪阔，你千万要小心，不要在魂归途中让那蛟龙给伤害了呀！全诗从梦前写到梦中，再到梦醒，恍恍惚惚，摇曳生姿。诗人将自己对李白的深情厚谊全部熔于在诗文中，炉火纯青的诗笔下掩藏着无限的忧思。

浮云终日行，游子久不至。
三夜频梦君，情亲见君意。
告归常局促，苦道来不易。
江湖多风波，舟楫恐失坠。
出门搔白首，若负平生志。
冠盖满京华，斯人独憔悴。

孰云网恢恢，将老身反累。

千秋万岁名，寂寞身后事。

如果说在第一首诗中杜甫还只是忧虑，到了第二首诗，诗人已经满腔愤慨。久久地期盼着你的归来，然而等来的只是三场梦。江湖上难免风急浪险，真不知你的船能否平安无恙！你那平生大志，如今京城这群达官贵人还有几个记得？可怜你“将老身反累”，那千秋万岁的名声也不过只是“寂寞身后事”罢了。

杜甫这两首梦诗至真至诚，在悲怀李白身世的同时，也浸透了自己的无限苦痛。《诗论》中说：“真朋友必无假性情，通性情者诗也，诗至《梦李白》二首，真极矣！非子美不能作，非太白亦不能当也。”

◎ 元稹《酬乐天频梦微之》

在那个时代里，还有一对诗人也曾如杜甫梦李白一般惦念着对方，他们就是元稹与白居易。元白二人生活在唐王朝的中后期，走下坡路的时代里人们总难免怀才不遇，相交三十年的两位诗人经常互赠诗篇以相互慰藉。

公元八一五年，白居易被贬江州，元稹写《闻乐天授江州司马》表达惊诧之情。白居易回了一首《梦微之》，借梦抒情：

晨起临风一惆怅，通川湓水断相闻。

不知忆我因何事，昨夜三更梦见君。

诗中白居易不写自己苦思成梦,却反过来问元稹何事挂念,惹得自己在梦里看到他。诗意精巧,感情也十分动人。元稹收到后几番感慨,又和了一首《酬乐天频梦微之》:

山水万重书断绝,念君怜我梦相闻。

我今因病魂颠倒,唯梦闲人不梦君。

白居易借梦写思念的凄苦,元稹却偏要反其道而行之,偏偏写自己梦不到对方,梦到的都是些不相干的东西,这种想梦而不得更添一点凄苦。梦在这里成了元白二人传达感情、交流心灵的媒介。

事实上,除了与元稹的和诗外,白居易自己也不乏关于梦的佳句。他两首旷世名作《琵琶行》和《长恨歌》中都有关于梦的情节。如果说《琵琶行》中天涯歌女的“夜来忽梦少年事,梦啼妆泪红阑干”还只是小试牛刀,在《长恨歌》中白居易为唐玄宗和杨玉环安排的那场劫后重逢的大梦真可谓是用心良苦。

当马嵬坡下泥土中再也看不到当年的玉颜时,暮年的唐玄宗从遥远的蜀地回到了长安城。“归来池苑皆依旧,太液芙蓉未央柳”,可是当年的美人却已经香消玉殒,这让年迈的帝王如何能不痛摧心肝?

夕殿萤飞思悄然,孤灯挑尽未成眠。

迟迟钟鼓初长夜,耿耿星河欲曙天。

鸳鸯瓦冷霜华重,翡翠衾寒谁与共。

悠悠生死别经年,魂魄不曾来入梦。

于是玄宗开始在梦中找寻杨太真的身影,“上穷碧落下黄泉,两处茫茫皆不见。忽闻海上有仙山,山在虚无缥渺间”,原来太真竟在那苍茫云海的仙山之上。

闻道汉家天子使,九华帐里梦魂惊。

揽衣推枕起徘徊，珠箔银屏迤逦开。

云鬓半偏新睡觉，花冠不整下堂来。

听闻玄宗到访，九华帐里的杨太真竟从梦中惊醒，这正是白居易造梦最精彩之处。玄宗的相思之梦套着杨玉环的惊梦，天上人间的有情人终于在彼此的梦里再见。可怜这对“在天愿作比翼鸟，在地愿为连理枝”的爱侣只能相约那“七月七日长生殿”的“夜半无人”时分。

◎ 李商隐

相比白居易，比他更晚的诗人李商隐的梦诗就要更加敏感凄苦一些。李商隐堪称晚唐诗人中的魁首，但他一生坎坷，幼年丧父、中年丧妻、羸弱多病、壮年早逝。小李共存诗六百余首，其中涉梦的近八十首，是《全唐诗》所收诗人中涉梦作品最多的一位。

如果说迎娶王茂元的女儿是李商隐政治苦闷的开始，那难得的琴瑟和谐、举案齐眉就是对他最好的慰藉。可惜好景不长，王氏很快因病过世。对妻子的无限思念让李商隐写了很多悼亡诗，其中有一首涉梦悼亡诗别有一番味道，那就是《悼伤后赴东蜀辟至散关遇雪》：

剑外从军远，无家与寄衣。散关三尺雪，回梦旧鸳机。

用无人寄寒衣这样的细节来寄托自己的深切情感本是李义山所长，读来已经让人感到怆然。但李商隐没有停在这里，他接下来笔锋一转，由眼前漫天飞舞着的大雪直接切入梦境。在那个恬静的梦中，妻子王氏正坐在鸳鸯织机前为自己织制成衣。这首五绝中，前两句的严寒与后两句的温暖形成了鲜明的对比，使寒者更寒，两者所产生的强烈张力让人唏嘘不已。

在李商隐诸多的梦诗中，都能感受到一种敏感、细腻的情愫。在这份细腻的深处，是与晚唐帝国日益走向灭亡的趋势相呼应的感伤。“远路应悲春晼晚，残宵犹得梦依稀”，“梦为远别啼哭难，书被摧成墨未浓”，都是弥漫着曲终人散气氛的隐隐悲歌。

李商隐还广泛借用前代文人所创造的经典梦意象，把它们化入自己的诗作中，水乳交融、浑然一体。“一自《高唐赋》成后，楚天云雨尽堪疑”，“别馆觉来云雨梦，后门归去蕙兰丛”，还有那最摄人心魄的“庄生晓梦迷蝴蝶，望帝春心托杜鹃”，在李商隐笔下这些古老的意象脱胎换骨、大放异彩。

当晚唐诗歌的余韵慢慢褪去了光彩，文学来到了更加柔情的时代，词这种充满感情的文学样式开始主导文坛。“花落子规啼，绿窗残梦迷”，“相忆梦难成，背窗灯半明”，“碧天云，无定处，空有梦魂来去”，“细雨梦回鸡塞远，小楼吹彻玉笙寒”，各式各样的梦融化在一首首缠绵悱恻的词令之中，句句惊心、篇篇动人。

南唐后主李煜是一个永恒的悲剧话题，降宋后的后主词中有很多个梦出现，身陷囹圄的李煜总是试着在他的梦里找寻过往的幸福，然而梦里那些往事，一桩桩一件件，哪堪回首！

多少恨，昨夜梦魂中。还似旧时游上苑，车如流水马如龙，花月正春风。

李煜词笔挥洒自如，寥寥五句写尽人间悲剧，昔日的繁华仿佛还在眼前，今朝的凄凉哪里能够抵挡？李煜以“多少恨”起笔，惊悚凄厉。原来这强烈的悲恨都源于昨夜那一场旧梦重温，昔日的鼎盛之世在梦中重现，使梦醒后的词人倍感痛苦。

别来春半，触目柔肠断。砌下落梅如雪乱，拂了一身还满。

雁来音信无凭，路遥归梦难成。离恨恰如春草，更行更远还生。

据说投降后的李煜离开金陵城时，教坊犹奏离别歌来送他。可如今已是家破人亡，那金陵城的归路连梦里已难寻觅。词人将归乡的希望比喻成梦一般缥缈，深寓世事如梦的感慨。梦的飘忽与词人的飘零命运合而为一，在此时达到了一种绝美的境界。

帘外雨潺潺，春意阑珊，罗衾不耐五更寒。梦里不知身是客，一晌贪欢。

独自莫凭栏，无限江山，别时容易见时难。流水落花春去也，天上人间。

帘外雨，五更寒，是梦后事；忘却身份，一晌贪欢，是梦中事。潺潺春雨与阵阵春寒惊醒了词人的残梦，梦里的一时温暖顿成泡影，真实人生中的凄凉景况才是避无可避的现实。梦里梦后，不过是再一次的今昔对比。梦中的乐景与现实的哀况之间的矛盾一次次敲打着词人脆弱敏感的内心，往事不堪回首，今朝更感凄凉。

夜来幽梦忽还乡——宋代诗词中的梦

梦实在是词中佳品，仿佛一切的情感、一切的悲哀都可以用梦中意象来宣泄。今天，我们翻开《全宋词》，可以从很多作品里找到梦的痕迹，这个时代的文学，注定要由梦来书写浓墨重彩的一笔。

北宋初年，有一对父子很擅长小令，他们笔下都有不少婉转动人的梦境。只是相比而言，父亲笔下的梦更闲适一些，儿子笔下的梦更凄婉一些。

小径红稀，芳郊绿遍，高台树色阴阴见。春风不解禁杨花，蒙蒙乱扑行人面。

翠叶藏莺，朱帘隔燕，炉香静逐游丝转。一场愁梦酒醒时，斜阳却照深深院。

以上一首《踏莎行》是暮春闲愁的千载名篇。其作者晏殊，北宋仁宗时期的太平宰相。他少年成名，一生仕途平顺。他的词如他的人一般风流蕴藉，温柔娴静，在北宋初年的词坛堪称最佳。作为第一个标准的士大夫词人，晏殊最擅写闲愁。纵观两宋三百年，没有谁笔下的闲愁能在晏殊之上。无疑，他的"闲梦"也是最地道的。

◎ 晏殊像

《踏莎行》中词人午间小饮，酒困则睡。等到一觉醒来，已是日暮时分，夕阳照进深深的朱门院落。晏殊的"愁梦"里依旧是小径红稀、翠叶藏莺，闲适的词人做着闲适的春梦，梦中有的也不过是淡淡的闲愁。全词除"一场愁梦酒醒时"外，句句写景，景中寓情，不露痕迹，实在是缠绵含蓄的佳作。

晏殊的小儿子晏几道就没有他父亲那般闲适了。晏殊晚年得子，晏几道出生时晏殊已经离去世不远了。标准的"官二代"晏几道几乎没过一天闲适日子，晏家就在他的手上败落了。不过,苦日子挡不住风流的公子哥,晏几道词作之多情婉转犹在他父亲之上。

梦后楼台高锁,酒醒帘幕低垂。去年春恨却来时,落花人独立,微雨燕双飞。

记得小苹初见,两重心字罗衣。琵琶弦上说相思,当时明月在,曾照彩云归。

这首《临江仙》是小晏数一数二的好词,写的是他对歌女小苹的怀念之情。词中劈空而起,直写梦醒时分帘幕低垂、人去楼空,深感孤寂困锁。去年春天离别的愁恨恰在此时滋生,凋残的百花里词人独自凝立,点点细雨中燕子双双飞去。不觉想起当年,初见小苹时那份缱绻缠绵,可怜往日的温存如今只剩片片回忆。

小令尊前见玉箫。银灯一曲太妖娆。歌中醉倒谁能恨,唱罢归来酒未消。

春悄悄,夜迢迢。碧云天共楚宫遥。梦魂惯得无拘检,又踏杨花过谢桥。

《鹧鸪天》一词上片写昔日相聚,"银灯一曲太妖娆",词人的任情与率真在酒桌上挥洒开来。下片起笔春日寂寥,愁来夜长,可怜美好的东西总是那么可望而不可即,"碧云天共楚宫遥",人生总有太多的约束、太多的无奈,也许只有潜意识里的梦魂才最是无拘无束。你看,就在此夜,它又踏着那满地的柳絮飘过谢桥,寻访故人去了。

彩袖殷勤捧玉钟,当年拚却醉颜红。舞低杨柳楼心月,歌尽桃花扇底风。

从别后,忆相逢,几回魂梦与君同。今宵剩把银釭照,犹恐相逢是梦中。

当年郎情妾意,"彩袖殷勤";别后天各一方,不知所终。

正因思念至极，数次梦里相见才让“我”感到一丝丝欢愉。可如今真个见了面，反倒是不敢相信，还生恐是在梦中，忍不住举起残灯来看个分明。词人用意纡徐，将无限的相思寄予春梦，梦中的情人反而成了更真实的意象。小晏真是名副其实的多情种子，他笔下的梦无不充满浓厚悲伤的爱情味道。

两宋最出色的文学家苏轼一生撰写了大量的词作，其中与梦有关的大约有七十首。在这些作品当中，他借由梦超越时空的特性，让自己飘荡的心灵在梦境中返归乡土、得以抚慰。

十年生死两茫茫，不思量，自难忘。千里孤坟，无处话凄凉。纵使相逢应不识，尘满面，鬓如霜。夜来幽梦忽还乡，小轩窗，正梳妆。相顾无言，惟有泪千行。料得年年断肠处，明月夜，短松冈。

这是中国文学史上最有名的一首悼亡词，公元一〇七五年正月二十晚上，四十岁的词人做了一个归乡之梦，他梦见了自己年轻貌美、风姿绰约的妻子正临窗梳妆，此时生死相隔已十载的夫妻相望，不禁无限感伤，默默无言已是泪千行。此梦此情，怎不叫人肝肠寸断，心神俱碎？

除了这首《江城子》，苏轼的很多词作中都有关于“人生如梦”的喟叹。《永遇乐》中的“古今如梦，何曾梦觉，但有旧欢新怨”，《西江月》中的“世事一场大梦，人生几度新凉”，《醉蓬莱》中的“笑劳生一梦，羁旅三年，又还重九”，《南乡子》中的“万事到头都是梦，休休，明日黄花蝶也愁”，都是字字锥心的深沉叹息。

苏轼一方面用梦的惆怅短暂来抒发自己在政治上的苦闷和对人生的感悟；另一方面，他也借梦的神奇绚烂来勉励自己，纵使再苦痛、再短暂，也要努力创造多彩的人生，尽可能地实现自己伟大的人生抱负。

唐宋两代梦诗写得最多的是南宋诗人陆游，在陆游八十五卷的《剑南诗稿》中，仅题目标明记梦的就有一百六十首，其中大部分都是反映他的爱国情怀的。

僵卧孤村不自哀，尚思为国戍轮台。

夜阑卧听风吹雨，铁马冰河入梦来。

《十一月四日风雨大作》之二中，陆游为我们描绘了一幅金戈铁马踏破冰河残雪收复失地的军旅画卷。诗人不论身在何方，永远忘不了的是“为国戍轮台”。大风大雨让诗人的心跟着动了起来，睡梦之中诗人豪情万丈，一改乾坤的壮志凌云而出。在陆游绝大多数的梦诗中，“收复中原”的梦想是它们永恒的指向。

一梦邯郸亦壮哉！沙堤金辔络龙媒。

两行画戟森朱户，十丈平桥夹绿槐。

东阁群英鸣佩集，北庭大战捷旗来。

太平事业方施设，谁遣晨鸡苦唤回？

◎ 唐婉像

不过，不论多么刚强的人都难免柔肠寸断之时，陆游一生有一位念念不忘的情人，就是他的表妹、第一任妻子唐婉。年少时的情深义重换不来终身的厮守，一世的相思之苦缠绕在陆游与唐婉的心中。离异数年后，两人在沈园偶遇，留下了那两首最感人不过的《钗头凤》。岂料这竟成了唐婉的催命符，不久红颜早逝。陆游写下“只有梦魂能相遇，堪嗟梦不由人做”,“梦断香消四十年,沈园柳老不吹绵”等诗句来祭奠自己的爱人。

八十五岁那年春天,也就是他生命中的最后一个春天,耄耋之年的陆游在儿孙的搀扶下最后一次来到沈园,满怀深情地写下了最后一首沈园诗:

沈家园里花如锦,半是当年识放翁。

也信美人终作土,不堪幽梦太匆匆。

第四节 黄粱、丽娘与红楼
——戏曲、小说中的梦

一枕黄粱付春梦——元朝前戏曲、小说中的梦

魏晋南北朝时期志怪小说流行,干宝的《搜神记》、刘义庆的《幽明录》《冥祥记》《神异记》等书中都收集或杜撰了不少关于梦的故事。到了唐代,唐传奇的出现给传奇的梦提供了更为广阔的发展空间,“黄粱梦”和“南柯梦”都出自于唐传奇。

沈既济的《枕中记》讲述了“黄粱梦”这个故事。

唐开元七年,贫困而热衷功名的卢生骑着青驹、穿着短衣赴京赶考,可惜名落孙山,归途中他在邯郸道上的一家客栈遇

见了得道成仙的道士吕翁。卢生在一旁自叹贫苦，吕翁听到后拿出一个瓷枕头让卢生枕着睡觉。

卢生依言倚枕而卧，一入梦乡便娶了清河崔氏温柔美丽的女儿为妻，接下来他中进士，升监察御史、陕州牧、京兆尹，从此宦海沉浮数十年。也曾出将入相，率军大破戎虏，斩杀七千首级，拓展疆土九百平方里，一时风光无限；也曾遭人嫉恨、被人诬陷、锒铛入狱、流放千里。最终他还是化险为夷，封燕国公。他与崔氏的五个孩子都是高官厚禄，嫁娶高门。卢生儿孙满堂，享尽荣华富贵，在八十岁上因久病不愈而亡。

将断气时，卢生一惊而醒，转身一看，一切如故，吕翁仍坐在身旁，店主人蒸的黄粱饭都还没熟！他不禁感慨"宠辱之道，穷达之运，得丧之理，死生之情，尽知之矣"！这样一场大梦，店家的黄粱米饭还没有蒸熟，卢生却已在梦里度过了数十个春秋，经历了人生的百般荣辱，不由得让人感慨"世事一场大梦"！"黄粱梦"的故事也就由此流传开来。

李公佐《南柯太守传》中的"南柯一梦"与"黄粱梦"的故事如出一辙，利用"**枕上片时春梦中，行尽江南数千里**"的时空特点表现梦里人生的虚幻，明代戏曲家汤显祖还曾将其改编成了"临川四梦"之一的《南柯记》。

"南柯梦"的男主人公淳于棼，曾因武艺超群而任淮南军裨将，后因贪恋喝酒而失主帅之心，弃官还乡。

淳于棼的家宅中有一株古槐，一天他醉卧在堂前的东廊下。忽然听到有人唤他，原来是槐安国的使者要迎他去做驸马，到了槐安后他便做了南柯太守。太守任上二十余年，他兢兢业业，施仁政行教化，兴利除弊，将南柯郡治理成风调雨顺之地，呈现一派国泰民安的盛景。

后来，他进京任左丞相。公主亡故后他深为右丞相嫉妒，屡遭谗言。再加之他自恃驸马身份和治郡盛名，不再克己复礼，变得放纵无度，终至被遣归家。淳于棼在悲伤中醒来，原来一切不过是一场白日梦，惆怅中他在身旁的古槐下发现一个巨大的蚁穴，穴外蚁尸遍地，才恍悟“槐安国”的来历。最终淳于棼幡然醒悟“万象皆空”之理，他超度众蚁后立地成佛。

良辰美景奈何天——元明戏曲中的梦

关汉卿是元大都人，他“生而倜傥，博学能文，滑稽多智，蕴藉风流，为一时之冠”，可惜生在元代，始终沉沦下僚。他一生创作杂剧达六十余种，他将梦引入戏剧创作的领域中，《蝴蝶梦》《西蜀梦》等都是借梦表意的佳作。

《西蜀梦》全名《关张双赴西蜀梦》，又称《双赴梦》，讲的是三国时期刘关张三兄弟的故事。

大哥刘备在西蜀称帝后，甚为思念自己的结义兄弟关羽和张飞。军师诸葛亮夜观天象，见贼星耀眼、将星黯淡，知晓关、张二人已死，他不敢将此消息告知刘备。某一日，关羽、张飞的阴魂相遇，一齐来到刘备的梦中，请自己的哥哥为自己复仇。

关汉卿的立身之作《窦娥冤》中也有一段托梦复仇的故事。窦娥被张驴儿诬陷、又遭贪官威胁，终于含冤被斩，临死前她许下三桩誓愿——血溅白绫、六月飘雪、大旱三年，三愿一一应验。三年后窦娥的父亲窦天章科举得中，回到楚州任廉访使，夜梦自己女儿的鬼魂来找自己申冤。于是窦天章重审此案，为窦娥洗刷了冤屈。

托梦情节在《窦娥冤》中有关键的作用，借助梦这个媒介，死去的窦娥才得以与做了官的父亲相见，向父亲陈述自己的冤情，窦天章才得以继续追查下去，为自己的女儿报仇。这个梦连接了作品前后部分，将父、女两条线索融汇在一起，推动故事向前发展。

明代中叶，戏曲家汤显祖以他苦心孤诣改编、创作的“临川四梦”将梦文学推向巅峰，梦境在文学作品中展现出了更加绚丽的风姿。在《牡丹亭》的题序中，汤显祖写道：“情不知所起，一往而深，生者可以死，死可以生。生而不可与死，死而不可复生者，皆非情之至也。梦中之情，何必非真，天下岂少梦中之人耶？”这段话不正是道出了情与梦的真谛吗？

《牡丹亭》是“临川四梦”中最情意绵绵的一场梦，是有明一代戏曲文学的魁首，在中国古典四大戏剧中占有一席之地。剧本开场就以“柳生梦梅”为楔子，年轻的书生柳梦梅一夜忽梦花园的梅树下立着一位佳人，说同他有姻缘之分，从此便经常思念她。

南安太守杜宝之女杜丽娘才貌端妍，跟随迂腐的陈最良读书。她由《诗经·关雎》而伤春，花园中寻春归来便有了那一夜的“惊梦”。“游园惊梦”是全剧情节中举足轻重的一环，在这场梦中，杜丽娘第一次见到了柳梦梅，这个书生持着半枝垂柳前来求爱，使杜丽娘身上原本潜藏着的少女情思一下子变得炙热起来。这一场牡丹亭畔的幽会是杜丽娘日后寻梦而死、为爱还魂等离奇情节的前提，有了坚实的情感依托，她后来的叛逆行为才显得合情合理。

为梦所困的杜丽娘来到花园中“寻梦”，她自然找不到梦里欢娱，只能落得个形单影只，满园的牡丹、芍药也不似梦中那般妩媚娇人。“忽然大梅树一株，梅子磊磊可爱”，她不由得感慨：“这梅树依依可人，我杜丽娘若死后，得葬于此，幸矣。”此时的杜丽娘已经为自己寻定了死后的归宿，梅树下的佳人暗合“柳生梦梅”的情节。最终，“寻梦”不得的杜丽娘郁郁而终，葬身梅树之下。她的死不是结局，恰恰是为下一步的抗争拉开的序幕。

◎《牡丹亭》中的游园惊梦

在《牡丹亭》中，杜丽娘因情感梦、因梦而亡，“情梦”是杜丽娘实现爱情理想的方式。梦可以将原本对立矛盾的现实与梦幻、生与死奇特地结合在一起，在杜丽娘情感、意志的支配下，现实与梦幻、生与死之间的界限泯灭无存，它们结成了一个和谐的统一体——统一于杜丽娘生生死死的情爱追求之中。

红楼梦断晓莺啼——明清小说中的梦

小说家是最擅长讲故事的一群人，梦在他们眼中就是最恰当的故事载体之一。明清两代，小说逐渐接管了中国文坛的领导角色，众多与梦相关的小说作品的出现进一步促进了梦文学的发展。四大名著中的《三国演义》《水浒传》《红楼梦》和经典小说《聊斋志异》《三言二拍》中，都有不少梦的故事。

在中国文学史上，蒲松龄的《聊斋志异》绝对算得上一部特立独行的作品，是古代短篇小说的巅峰之作。全书共四百九十一篇小说，其中七十余篇与梦相关，内容涉及社会生活的种种丑象和个人情感的方方面面，是文学史上梦境描写最为集中的作品之一。《续黄粱》《凤阳士人》《莲花公主》《梦狼》《王子安》等数篇作品均是梦象悬疑复杂，多有可圈可点之处。

《梦狼》记述白翁长子名甲，在外为官两年毫无音信。一日白翁梦中与友人来到"公子衙署"。"窥其门，见一巨狼当道"，"入其门，见堂上堂下坐者、卧者，皆狼也"，又看见台阶上白骨如山。准备吃饭时一巨狼衔死人入厨烹之。后来两名金甲猛士来逮捕甲，"甲仆地化为虎，牙齿巉巉"。蒲松龄精心设计了这样一个故事，借此讽刺那些如狼似虎的贪官污吏。

◎ 贾宝玉神游太虚境

曹雪芹的《红楼梦》在梦文学史上是当之无愧的巅峰之作。全书一百二十回中共描写了三十多个梦，这些梦有长有短，长的几乎占据一整回的篇幅，短的则是寥寥数语，仅几十个字便述说清楚。《脂砚斋本红楼梦》中曾评述道："一部大书，起是梦，宝玉情是梦，贾瑞淫又是梦，秦之家计长策又是梦，今作诗也是梦，一并风月鉴，亦从梦中所有，故红楼，梦也。"

清人王希廉的《红楼梦总评》中也有一段价值很高的点评：

《红楼梦》也是说梦，而立意作法，另开生面。前后两大梦,皆游太虚幻境,而一是真梦,虽阅册听歌,茫然不解;一是神游,因缘定数,了然记得。且有甄士隐梦得一半幻境,绛芸轩梦语含糊,甄宝玉一梦而顿改前非,林黛玉一梦而情痴愈锢。又有柳湘莲梦醒出家,香菱梦里作诗,宝玉梦与甄宝玉相合,妙玉走魔噩梦,小红私情痴梦,尤二姐梦妹劝斩妒妇,王凤姐梦人强夺锦匹,宝玉梦至阴司,袭人梦见宝玉,秦氏、元妃等托梦,宝玉想梦无梦等事,穿插其中。与别部小说传奇说梦不同,文人心思,不可思议。

《红楼梦》中的梦有相当一部分具有鲜明的兆示作用:作品中第一个梦“甄士隐梦幻识通灵”中,曹雪芹直接交代了宝黛二人的前世情缘,预示了这段“木石之缘”的总体走向。当然,全书最具有兆示性的梦当属第五回“贾宝玉神游太虚境,警幻仙姑曲演红楼梦”。这一场梦中,全书的情节发展脉络和主要人物命运就在那一首首判词中掩映生成。

喜荣华正好,恨无常又到。眼睁睁、把万事全抛。荡悠悠、把芳魂消耗。望家乡,路远山高。故向爹娘梦里相寻告:儿命已入黄泉,天伦呵,须要退步抽身早!承载着家族命运的皇妃元春在判词中托梦告爹妈,荣华难挡恨无常,须要退步早抽身!

“一个是阆苑仙葩,一个是美玉无瑕。若说有奇缘,如何心事终虚化”,轰轰烈烈的宝黛爱情最终定将以悲剧收场,然而“纵然是齐眉举案,到底意难平”,那“山中高士晶莹雪”也只能独坐空闺梦里人。

在第十三回中秦可卿托梦王熙凤,秦氏说道:“婶娘,你是个脂粉队里的英雄,连那些束带顶冠的男子也不能过你,你如何连两句俗语也不晓得?常言:月满则亏,水满则溢。又道是:登高必跌重。如今我们家赫赫扬扬,已将百载,一日倘或乐极生悲，若应了那句树倒猢孙散的俗语，岂不虚称了一世诗书旧族了？”

凤姐听了此话忙问对策，秦氏冷笑道：“婶娘好痴也！否极泰来，荣辱自古周而复始，岂人力所能常保的；但如今能于荣时筹画下将来衰时的世业，亦可以常远保全了。一时的欢乐，万不可忘了那盛筵必散的俗语。若不早为后虑，只恐后悔无益了！我与婶娘好了一场，临别时赠你两句话，须要记着！”因念道：“三春去后诸芳尽，各自须寻各自门。”真是“好一似、荡悠悠三更梦”，宁荣二府的悲剧下场开始就已经注定。

除了兆示性的梦，《红楼梦》中也不乏具有讽刺意义的梦，十六回中秦钟临死之梦就让人啼笑皆非：

那秦钟魂魄那里肯就去？又记念着家中无人掌管家务，又记挂着父亲还有留积下的三四千两银子，又记挂着智能儿尚无下落，因此百般求告鬼判。无奈这些鬼判都不肯徇私，反叱咤秦钟道：“亏你还是读过书的人，岂不知俗语说的：‘阎王叫你三更死，谁敢留人到五更。’我们阴间上下都是铁面无私的，不比你们阳间瞻情顾意，有许多的关碍处。”正闹着，那秦钟魂魄忽听见“宝玉来了”四字，便忙又央求道：“列位神差略发慈悲，让我回去和这一个好朋友说一句话就来的。”众鬼道：“又是什么好朋友？”秦钟道：“不瞒列位，就是荣国公的孙子，小名儿叫宝玉的。”那判官听了，先就唬的慌张起来，忙喝骂那些小鬼道：“我说你们放了他回去走走罢，你们断不依我的话，如今只等他请出个运旺时盛的人来才罢。”众鬼见都判如此，也都忙了手脚，一面又抱怨道：“你老人家先是那等雷霆火炮，原来见不得‘宝玉’二字。依我们愚见，他是阳，我们是阴，怕他们也无益于我们。”都判道：“放屁！俗语说的好，‘天下官管天下事’，自古人鬼之道却是一般，阴阳并无二理。别管他阴也罢，阳也罢，还是把他放回没有错了的。”众鬼听说，只得将秦魂放回。

曹雪芹一边借鬼判之口批判现实社会官官相护、徇私枉法的不良风气，一边又绘声绘色地描写都判和小鬼听到“宝玉来了”之后的慌乱无措。鬼判前后两种截然不同的态度说明，原来连自我标榜铁面无私的阴间其实也与阳世并无什么两样。

小说中，曹雪芹还对梦中经常出现的梦话、盗汗、梦遗等细节有精彩的描写，这些在前人对梦的塑造中极为少见。

整部作品中，贾宝玉的梦话最多。早在第五回“神游太虚境”时他就曾高呼“可卿救我”，不禁让秦可卿纳闷：“我的小名儿这里从无人知道，他如何得知，在梦中叫出来？”这一情节立刻增强了“贾宝玉神游太虚幻境”的可信度，警幻仙子的指点、宝玉梦中的所见所闻，想必真是上天已有的定数，大观园未来的悲剧命运看来不可避免。

除此之外，第三十六回中宝玉在梦里说道：“和尚道士的话如何信得？什么‘金玉良缘’！我偏说‘木石姻缘’！”这句梦话是贾宝玉真实心声的流露，这是全书中他第一次用语言表达自己对林黛玉的爱慕之情。虽然只是梦中的呼喊，却有着更强的感染力。

作为中国古典文学的集大成者，《红楼梦》中的梦有着鲜明的批判现实主义美学特征和高度的艺术真实性。曹雪芹准确把握了梦境、梦细节和梦的兆示作用，以梦意象贯穿整部小说的情节，使《红楼梦》成为梦文学成熟阶段的典范之作。

第五节 云想衣裳花想容
——梦与音乐、舞蹈、绘画

音乐、舞蹈和绘画都源于人类对美的追求。梦作为人类生活体验的一种，常常被表现在音乐、舞蹈和绘画等艺术形式之中，散发出别样魅力。

龙吟十弄霓裳舞——梦与音乐、舞蹈

据《史记·赵世家》记载，中国古代最早的与音乐相关的梦，是战国时代赵国基业的开创者赵简子所做的“钧天梦”。

有一次，赵简子无故昏睡了整整五日都不曾醒来，大夫们十分惊恐，请名医扁鹊来诊断。扁鹊看过后说：“从前秦穆公睡了七天才醒过来，醒来后说自己到了天天帝所，听了钧天乐舞，非常快乐。如今主君脉象正常，症状又与秦穆公一模一样，相信他不出三日便可醒来了。”

果然两天半以后，赵简子醒来，他愉快地说：“我到了天天帝所，和百神游于钧天，得闻钧天广乐，乐奏九遍，随乐而舞者以万计。钧天乐实在动人心魄呀！”“钧天梦”的典故就由此而来。从历史记载中可以读出，“钧天梦”中有乐有舞，而以乐为主，后世诗人也屡屡吟咏此梦。但可惜的是，这个梦并没有实际的乐或舞流传下来。

据《北齐书》记载，唐代书法家、兖州刺史郑述祖弹琴的功夫很了得，他自造了《龙吟十弄》之曲，当时人莫不以为妙绝。不过郑述祖自己交代创作机缘时却说："这曲子不是我自创的，是我梦中听人弹奏，醒来后赶忙记录下来的。"

我国古代十大名曲之一的《广陵散》也有一个与梦有关的故事。

◎ 嵇康弹《广陵散》

传说，魏晋时期著名的文学家、音乐家嵇康少年时昼睡，梦见一个身高丈余的人对他说："我是黄帝的乐官，埋在离你家三里的东边林中，我的尸骨被人发露，请求你帮助埋葬。"嵇康醒来后，依着梦中的指示找到了那具遗体，遂为之收葬。当天晚上嵇康又梦见这人，这人为报答收殓安葬之恩，将一曲《广陵散》在梦中传授给了嵇康。

嵇康醒来，抚琴习曲，觉音韵殊妙。他后来成了弹奏《广陵散》的名家，但从不轻易教人弹奏。公元二六三年，刚直的嵇康为司马氏集团所害，临刑前他从容不迫，抚琴演奏此曲，嗟叹道："《广陵散》从此绝矣！"之后便慷慨赴死。伴着嵇康的浩然正气，《广陵散》那"纷披灿烂，戈矛纵横"的愤慨曲调，久久回荡在人们耳边。

中国古代懂得音乐的帝王很多，唐玄宗可称其中的佼佼者。不过，根据野史记载，玄宗与音乐的缘分仿佛都来自睡梦之中。《杨妃外传》记载，玄宗夜梦艳女梳着交心髻，穿着大袖宽衣，款款对自己说："妾是陛下凌波池中的龙女，卫宫护驾有功劳。陛下您通晓《钧天》之音，我乞求您也能赐我一曲。"于是，玄宗梦里鼓胡琴而作《凌波曲》。

玄宗一生最得意的曲子莫过于《霓裳羽衣曲》。传说，一年八月十五日夜，玄宗梦至月宫，宫内仙女数百人，素练宽衣、舞于广庭。玄宗深为这美景佳乐所陶醉，不禁上前问道："此何曲也？"答曰："《霓裳羽衣》也。"清晨醒来，玄宗便召见伶官，按梦中所奏誊录出了《霓裳羽衣曲》。

忽然梦里见真仪——梦与绘画

乐可以入梦，画自然也可以入梦。画境常常就被视为梦境，更有一些丹青好手将梦中所见绘之于画，或在梦中悟得画理。

五代高僧贯休就是这样一位祈梦画梦的大师。《宋高僧传》中记载：

休善小笔，得六法，长于水墨。形似之状可观。受众安桥强氏药肆请。出罗汉一堂云。每画一尊必祈梦得应真貌。方成之。与常体不同。

"小笔"指唐代开始兴起的"手指画"，"六法"是中国画的基本要领。因为贯休所画的罗汉都是祈梦梦见的，所以史称"应梦罗汉"。《益州名画录》中说贯休所画的十六帧罗汉有的庞眉大目、有的朵颐隆鼻，皆是"胡貌梵相"。当时的翰林学士欧阳炯曾亲眼看到贯休作画的情景，并写下了《贯休应梦罗汉画歌》，诗中说：

西岳高僧名贯休，孤情峭拔凌清秋。

天教水墨画罗汉，魁岸古容生笔头。

时捎大绢泥高壁，闭目焚香坐禅室。

忽然梦里见真仪，脱下袈裟点神笔。

◎ 贯休的应梦罗汉

精于工笔画的宋徽宗赵佶曾经梦游化城，见到了各种奇人异景。梦醒后，宋徽宗画出了《梦游化城图》来描绘梦中所见。元朝汤垕的《画鉴》对这幅画做过评价：

徽宗自画《梦游化城图》，人物如半小指，累数千人。城郭宫室、麾幢钟鼓、仙嫔真宰、云霞霄汉、禽畜龙马，凡天地间所有之物，色色具备，为工甚至。观之令人起神游八极之想，不复知有人世间，奇物也。

第六章

万事到头都是梦
—— 梦与社会生活

第一节 枕上片时春梦中
——梦与两性

梦与两性是中国古代文化史上一个很特殊的话题。自《诗经》始,朦胧的梦就与朦胧的两性关系结成了一条隐形的纽带。无论是赵武灵王梦孟姚,还是楚怀王梦神女,与两性相关的梦往往都散发着一股诱人的味道。

汉唐以来,两性之梦呈现出千姿百态的风貌,其中既有对夫妻姻缘的肯定和称颂,也有对性爱的赞美和恐惧。梦书中梦鸳鸯、梦鸡鹊、梦守宫等讲的都是两性之梦,《新集周公解梦书》还专辟"夫妻花粉"一章来谈。明代市民文化的兴起使得两性之梦大行其道,《梦占类考》《梦林玄解》等书中具体列出了"男女""婚姻""夫妻""淫奔""乳脐""阳臀""阴谷""精血"等子目来阐释它。

犹恐相逢是梦中——姻缘之梦

赵武灵王以胡服骑射闻名天下,他是赵国的中兴之主,《史记·赵世家》中记载了他因梦成婚的故事。

王游大陵。他日,王梦见处女鼓琴而歌诗曰:"美人荧荧兮,颜若苕之荣。命乎命乎,曾无我嬴!"异日,王饮酒乐,数言所梦,所见其状。吴广闻之,因夫人而为其女娃嬴。孟姚也。

孟姚甚有宠于王，是为惠后。

赵武灵王梦中听见女子所唱之歌，前两句“美人荧荧兮，颜若苕之荣”是形容自己容貌美丽、光彩照人，如同苕草一样；后两句“命乎命乎，曾无我嬴”是说世上有那么多的好名字，但都不如我的“嬴”字好。赵武灵王为之心动，醒来后依然恋恋不忘，大夫吴广听说后觉得这女子太像自己的女儿了，就把娃嬴嫁给了赵武灵王。娃嬴大名孟姚，史称吴娃。两人成亲后非常恩爱，很快赵武灵王就立孟姚为王后，是为惠后。

赵武灵王的梦应该是最早的姻缘之梦，自此之后这类梦就经常出现在各种书籍中。姻缘之梦相比其他两性之梦有更强的宿命感，梦中男女一方总会得知另一方的某些信息，而后两人必将结成夫妻。当然，也有想逃脱梦中的姻缘，但结果归于失败的例子。

◎ 李清照与赵明诚

《西京杂记》中记载，唐人曾崇范的妻子未嫁时曾几次议亲，但每到出嫁前夕，新郎就因各种奇特的缘故死去。这个女子曾梦见有人对她说：“田头有鹿角，田尾有日炙，那人才是你的丈夫。”她当时不明白，直到后来顺利嫁给曾崇范，才恍然大悟梦中人说的原来是个字谜。

宋代女词人李清照和丈夫赵明诚的婚姻同样也有预兆。传说，赵明诚年少时，他的父亲已经为他选定了一名女子为妻。将要成亲时，赵明诚白天睡觉梦见自己读一本书，醒来后只记得书中有三句话：“言与司合，安上已脱，芝芙草拔。”他把这个梦告诉父亲，他的父亲说：“‘言与司合’是‘词’字，‘安上已脱’是

‘女’字，‘芝芙草拔’是‘之夫’二字。你将成为词女之夫啊！”于是，他父亲便做主将那名女子退了亲，后来赵明诚娶得李清照为妻。

《夷坚志·金君卿妇》中，荆南有位太守，他的女儿十八岁，已经由男方下了聘礼，只等择日成婚。可太守女儿梦见有人对她说：“这个男子不是你的丈夫，你的丈夫名叫金君卿。”女孩儿梦醒之后不好直说，就在自己的绣带上绣满了“金君卿”的名字。太守夫妇知道后非常疑惑，以为女儿看中了某个人，可就是找不到这个金君卿。太守反复问女儿才知缘故。

没过多久，同这个女孩儿定亲的男子竟死了。半年之后，新任峡州太守经过荆南，他的名字就叫金君卿。于是，荆南太守夫妇待以厚礼，并把女儿的梦告诉了他。峡州太守此时已年过四十，妻室新亡，他婉言相拒。但荆南太守坚持说：“因缘定数，如何推辞的了？”于是硬是把女儿嫁给了他，婚后两人生活得十分美满。

武则天时期的宰相崔元综也曾做过姻缘之梦。崔元综在适龄之年曾订过一门亲事，娶亲之前他梦见有人对他说：“这个女子不是你的妻子，你的妻子今天才降生呢。”梦中他跟随这个人到了东京履信坊，坊中一个妇女刚生下一个女孩，那人便对他说：“这个女孩就是你将来的妻子。”

崔元综醒来后根本不相信这个梦，不久后与他订婚的女子突然去世，崔元综还是不把此梦放在心上，可后来屡次议娶都是阴差阳错。一直等到他五十八岁那年，才与侍郎韦陟十九岁的堂妹韦氏结婚，韦氏正是从前他梦中到过的那户人家在那天晚上生下的女孩。

《夷坚志·李邦直梦》中，北宋人李邦直与孙巨源是同科举人，又在一个地方做官，孙巨源任海洲太守，李邦直是通判。

孙巨源有个女儿，常到后花园游玩，李邦直见了很喜欢，常常与她攀谈。一天晚上，李邦直梦见自己在园里与孙的女儿幽会，追赶她时踩着了她的鞋子，还把花插到了她头上。李邦直醒来后，如实地把梦告诉给夫人韩氏。韩氏听完后失声痛哭，说这个梦预示李邦直将娶孙的女儿为妻，而她自己的死期就要临近了。李邦直却很不以为然，他觉得这个梦仅仅是因思念孙的女儿所致。自己已有妻，孙的女儿又是朋友之女，怎么可能完婚？岂料不久后他的妻子韩氏果然亡故，后来又经过许多曲折，他竟真的和孙的女儿成了婚，两人婚后十分恩爱，孙的女儿后来还被封为鲁郡夫人。

子规啼破相思梦——性爱之梦

性爱之梦是保守的华夏民族文化史上的一朵奇葩。面对这类梦时，古人习惯用《黄帝内经》中所讲到的生理原因理论来蒙混过关。不过无论如何躲避，性爱之梦始终存在，明代以后对性梦的描述多见于话本小说之中。在各式各样的性爱之梦中，人神之爱和人鬼狐魅之爱这两类最为旖旎动人。

最早的人神性爱之梦要算“楚怀王梦遇神女”，“朝云暮雨”一词就出自这个香艳故事。《昭明文选》记载，楚怀王曾经游高唐而昼眠，梦中一娇媚的女子飘然而至，对他说：“我是巫山之女，高唐之客。听说您来高唐游玩，我愿自荐枕席。”于是怀王一夜销魂。天亮时，神女与怀王告别，她说：“我住在巫山的南面，为高山所阻，晨为朝云，暮为行雨。朝朝暮暮都在高台之下。”楚怀王晨起观看，果然如她所说，便为她建了朝云庙。

后来宋玉奉楚怀王之子顷襄王之命将这个故事写成《高

唐赋》,“巫山云雨”从此便成了男女交合的代名词。

三国时期魏国的弦超也有个和神女结缘的故事。干宝的《搜神记》中记载,弦超独宿,夜梦神女从天上来,自称天上玉女,本是东郡人,姓成公,字知琼,父母早丧,天帝怜她一人孤苦,遣她下凡来与弦超成婚。自此玉女夜来晨去,有七八年的时间。

后来,弦超的父母为他娶妻,他白天和妻子在一起,晚上和玉女在一起,玉女来去自由,倏忽若飞,只有弦超能看得见她的形体,可她的声音却没有办法遮盖。一次被人发现,那人就来质问弦超。

弦超无法,终于泄露了玉女来会之事。于是玉女求去,她对弦超说:“我是神人。虽然与你相爱,但却不愿意让别人知道。如今天机已经泄露,我便不再与你相见了。这么多年的感情,我们之间恩义深重。如今相别,甚是怆恨啊!”说完,玉女留下一首诗赠与弦超,便不复出现了。

不同于人神之爱,人一旦在梦中与鬼交、与狐妖交就是孽恋,这种梦通常被认为有损身体,有时甚至会导致人失阴失阳过多而死去。

《子不语·金秀才》就讲了这么一个故事。

苏州金秀才晋生,才貌清雅,苏春厓进士爱之,招为婿,婚有日矣。金夜梦红衣小鬟引至一处,房舍精雅,最后有圆洞门,指曰:“此月宫也,小姐奉候久矣。”俄而一丽人盛妆出曰:“秀才与我有夙缘,忍舍我别婚他氏乎?”金曰:“不敢。”遂携手就寝,备极绸缪。嗣后,每夜必梦,欢好倍常,而容颜日悴。举家大惧,即为完姻。苏女亦有容色,秀才爱之如梦中人。嗣后夜间,酉戌前与苏氏交,酉戌后与梦中人交。久之,竟不知何者为真,何者为梦也。其父百般禳解,终无效。体本清羸,斫削逾年,成瘵疾而卒。

中国传统文化中,对于性梦的表达始终都是很含蓄的。古诗文中根本找不到"性梦"或类似"性梦"的词语,文人通常会用相思梦、鸳鸯梦、云雨梦、风月梦、双花梦、双头梦、佳人梦、花柳梦等来代称性爱之梦,最露骨的词也不过合欢梦或梦同衾而已。唐代顾况诗曰:"欲知写尽相思梦,度水寻云不用桥。"李商隐诗曰:"别馆觉来云雨梦,后门归去蕙兰丛。"五代韦庄词曰:"子规啼破相思梦,曙色东方才动。"

第二节 病魂常似秋千索
——梦与生老病死

"世事一场大梦,人生几度新凉",百转千回梦里人怎奈得住那无常的世事,生老病死是人类永恒的发展历程。无论如何花团锦簇,怎样缱绻缠绵,最终都敌不过岁月那把杀猪刀。凭你是凤凰入巢、彗星下凡,终不过黄粱美梦百年身。生来梦里劳祥瑞,死时才知万事空。真是"枉费了、意悬悬半世心,好一似、荡悠悠三更梦"!

杳然俱是梦魂中——出生之梦

汉代以后,占梦阶层的整体下移使得有关受孕、出生的吉梦不再是君王的专利。众多达官显贵、才子文豪的出生都有类似于“承命于天”的吉梦“光顾”。

三国时期天水人薛夏博学有才。传说，他母亲怀孕时曾梦见有人送来一箱衣服，然后对她说：“你定能生个贤明的儿子，被帝王所尊崇。”薛夏长大后果然不同凡响，曹操这等枭雄都对他以礼相待。他因人陷害而遭扣押时，多亏曹操笃信他无罪才得以平冤昭雪，后来还被提拔做了军谋掾。

魏文帝曹丕也很欣赏薛夏的才能，常常与他一同讨论书传，这两个人一谈起来就是一整天的时间。薛夏思想深刻、辞采华美，文帝曾赞赏他说：“当年公孙龙号称有辩才，但他迂腐狂妄、名不副实。如今你说的话却都像圣人之言，恐怕只有子游、子贡才能媲美。”薛夏家中十分贫困，文帝见他衣着单薄破旧，便将自己的衣服解下来赐予他，这就刚好和薛母当年的梦相照应了。

◎ 徐陵像

南朝梁陈之际的文学家、诗人徐陵是那个时代的风云人物。徐陵出身显贵，父亲徐摛曾任梁戎昭将军、太子左卫率。徐母藏氏怀着徐陵时，曾梦见有“五色云”幻化而成凤凰，飘飘然落到自己的左肩上，不久徐陵便降生了。

徐陵幼年时，就曾多次被高人赞誉为“天上石麒麟”“当世颜回”。据《陈书·本传》记载，他八岁能文，十二岁通晓《庄子》《老子》之义，长大后更是博涉史籍、纵横有辩才。梁武帝萧衍时期，少年徐陵出任东宫学士，编撰了颇负盛名的诗集《玉台新咏》，与当时著名诗人庾信并称“徐庾”，与北朝郭茂倩并称“乐府双壁。”

入陈后，徐陵历任尚书左仆射、中书监等职，当时朝廷的文书制度多出自他的手笔。徐陵不仅仅是一个宫廷文人，他还是定国安邦的良材。陈文帝陈蒨的弟弟安成王陈顼手下有一批弄臣，他们危害百姓、无恶不作，徐陵在朝堂上公开弹劾这批人，他慷慨陈词、正气凛然，听得陈文帝整理衣冠、严肃正座，安成王更是大汗淋漓、惊慌失色。

公元五六九年，徐陵参与罢黜废帝陈伯宗，扶立安成王陈顼为陈宣帝，他被封为建昌县侯，后历任左光禄、吏部尚书等职。他多次上书推辞，态度恳切，宣帝为之动容。徐陵一生传奇，不仅诗文成就辉煌，还曾扳倒国蠹、废昏君而立明主、定战事之乾坤，无愧“凤凰下凡”之美誉。

巧合的是，比徐陵稍早一些的梁代文学家任昉的降生也有奇梦保驾。任昉是乐安博昌人，他的父亲是任遥，母亲则出自河东裴氏望族。任母素有德行，一日午睡，梦见有五色彩旗从天而降，彩旗的四角悬挂着铃铛，其中一只铃铛恰巧落进自己怀中，她心惊而醒。占梦者为她占断此梦，说：“必生才子。”不久任母便有孕而生下了任昉。

任昉生下后就非常聪敏，有“神悟”的美称。他四岁就能读诗数十首，八岁能写文章，被家人称为“千里驹”。梁武帝萧衍未登基前，曾与他同在竟陵王萧子良邸中，两人同为“竟陵八友”。萧衍曾对他说：“如果我当了三公开府，就会以您为记室。”任昉也开玩笑地回道：“如果我当了三公开府，就会以您为骑兵。”

谁料世事弄人，当年的玩笑话后来竟成真了。不久，齐王室发生篡弑危机，任昉坚定地站在了萧衍身边。萧衍篡齐建梁为帝的过程中，果然以任昉为记室，受禅使用的文诰就出自任昉之手。之后，任昉历任黄门侍郎、吏部郎中、吏部侍郎、御史中丞，他为官清廉、仁爱恤民，可惜四十九岁就英年早逝，死时家中仅有桃花米二十石。萧衍即日举哀，哭之甚恸。

北宋富弼为政清廉，好善嫉恶，历仕真、仁、英、神宗四朝，官居宰相。他的母亲韩氏怀他时曾梦见旌旗摇摆，仙鹤和大雁降落在自家庭院中。不久韩氏生下富弼。富弼少年笃学，提笔能文，胸有大度。范仲淹十分欣赏他，称他有“王佐之才”，并将其文章推荐给当时的宰相晏殊，晏殊看后激赏不已，纳他为婿。

富弼一生“恭俭好修，与人言必尽敬，虽微官及布衣谒见，皆与之亢礼”。仁宗时宋辽关系紧张，辽人率大军压境施以威胁，要求北宋派出使者商谈割地。当时北宋朝廷上上下下竟无一人敢去，这时富弼挺身而出，临危受命。他两度出使辽国，在谈判中不卑不亢、有礼有节，展现出超人的胆识和外交能力。富弼的努力，不仅使辽人自知理亏、息兵宁事，而且令南、北两国数十年间不见战事。

元朝平定州有个叫吕思诚的人，他出生前母亲冯氏梦见一个男子，头戴乌巾，身穿白衫，束一条红色皮带。他来到冯氏面前，作揖后说道：“我是天上的文昌星。”冯氏梦醒，儿子吕思诚就出生了，这孩子刚生下来就与众不同，他眼中似有神光，见到的人都觉得很稀奇。

长大后，吕思诚学识渊博，性情刚直，直言敢谏，秉公办事。他历任侍御史、集贤院侍讲学士兼国子祭酒、湖广参政、中书参知政事、左丞转御史中丞、国子监翰林学士、翰林国史院检阅官及编修等职，是元朝名臣。他著有《介轩集》《两汉通纪》《正典举要》《岭南集》等，还曾主持编写了宋、辽、金三史，无愧“文昌星下凡”。

上述这些“出生之梦”的主人，虽然没有如历代帝王一般问鼎中原，但他们个个都文采卓越、仕途辉煌，皆是对中国历史、文学的发展产生过重大影响的风流人物。不过，在后来的文学作品中，这类出生之梦要么被赋予了讽刺性的意味，要么就总是以悲剧命运收场，不复当年之美好。

楼头残梦五更钟——疾病之梦

疾病之梦本就是梦的一种，《黄帝内经》中曾将病梦与病症相对应，得出了很多结论，前文已经介绍过。其实，疾病之梦在古人身上经常发生，有时它们的作用并不用来兆示病因，而是对疾病发展情况的一种预示。晋景公梦见两个小人出现在自己的膏肓之间，说明景公之病已是药石难除、回天乏术。另外，这类疾病之梦也有不少趣闻。

传说，周昭王一日在神殿中和衣小睡，忽然见到白云载着一位仙人从天而降，仙人身上长满了羽毛，昭王便向他询问成仙之道，仙人说："大王您尚未脱俗，怎么可能长生不老？"昭王听后连忙跪下，一再恳求这位仙人赐予自己脱俗绝欲之法。仙人禁不住他的哀求，便用手指对着昭王的心划了一下，心一下子就裂开了。昭王吓得从梦中惊醒，患上了心疾。

病重的周昭王不吃不喝，十天后已经奄奄一息。这时，那位仙人又来到他的面前，款款对他说："我要给您换一颗心。"说罢，便拿出一个小绿药囊，将里面的药涂在周昭王的胸前。不一会儿，昭王的心疾就好了。仙人将此药送给了昭王便翩然而去。后来，昭王常常服食这种药，活到很老才死去。

同出生之梦一样，神奇的病梦也不只是帝王独有的，南朝宋文帝元嘉九年时，参军明歒之身边的一个随从也做过类似的梦。一晚，该随从突然在梦中尖叫起来，他的主子明歒之亲自来唤他，都没能把他唤醒，更为怪异的是，他的发髻莫名其妙地不见了。正当人们放弃希望时，三天后这个随从竟醒了过来，他对众人说："我梦见自己被三个人按住脚，一人还割掉了我的发髻。这时一个道士突然出现，给了我一丸长得像梧桐子一样的药。"大家这才发现他的手中竟真的拿着这样一丸药，赶忙给他服下，吃过后这个随从一下就痊愈了。

◎ 周昭王像

唐代高宗、武周两朝名将娄师德做官之前常患疾病。一日他梦见一个穿紫色衣服的人来到自己的床前，行礼后说："你的病有救了，不过要先跟我走一趟。"娄师德听罢起身随他出门，走着走着就感到身轻如燕、力气十足，仿佛没有生病一般。

他随那紫衣人走出很远，看到了一座府衙，府衙的大门高耸入云，府外站满了士卒。紫衣人对他说："这是我们地府的大门。"娄师德听后大惊失色，赶忙问："地府的门为何开在人间?"紫衣人道："痴人呀！阴间之路本就是与阳间之路相连的，只是世俗人不知罢了！"

娄师德走进院子，看见一个空房子，房上匾额写"司命署"。他便好奇地问这地方是做什么的?紫衣人回答是用来存放世人禄名寿命籍册的。娄师德来到房内，看到里面堆满了书，书旁边有一个穿绿衣服的人把守，这人被称为"案椽"。案椽拿出娄师德的籍册递给他，上面明明白白地写着娄师德加官晋爵的时间，而且还写明他将在八十五岁时寿终正寝。

娄师德看后很高兴，待要与案椽攀谈时，忽听得一声巨响，屋檐都跟着震动起来。案椽大惊失色，对他说："这是天鼓在响，此地乃天机之所，不是你这等凡间人可以久留的，你还是赶紧回去吧！"娄师德听罢惊醒。此时天已大亮，娄家东边佛寺的钟声响起，恰与梦中天鼓之声契合。当天，娄师德沉疴痊愈。后来，他果然仕途顺遂。

岂料，活到六十九岁上，娄师德在梦中看见一个黄衣使者对自己说："我是阴间小吏，奉命来收你。"他觉得奇怪，就问："我看过自己的禄命簿啊，上面明明写着我的寿命是八十五岁，如今怎么这么着急收我去呢？"黄衣人说："你当官时错杀了无辜之人，你的官位与寿命如今已经找不到了。"话音刚落，娄师德便什么也看不见了，三天后他就死了。

唐大历年间，著作佐郎楚实忽患重病，低烧昏迷，四十多天都不省人事。昏迷中的楚实做了一个奇怪的梦，他梦见一个黄衣女道士施施然来到自己身边，对自己说："你这人有官禄之命，如今还不到你的死期呢！"随即唤来一个叫范政的将药端上来给楚实，只见一个小孩儿手里拿着一只琉璃瓶子和一大碗泻药走来。楚实梦中将药喝下后就从昏迷中醒来。

此时刚好天亮，楚实听到下人禀报说自己的好友许叔冀派人来送药，他恍惚间看到一个小孩端着药出现，竟与梦中情景完全一样。于是，强撑着睁开眼睛，问这孩子姓名，果然唤作范政。楚实喝完这碗药后，一场重病竟一下子全好了。

彷佛梦魂归帝所——死亡之梦

中国古代文献中记载的噩梦里，有一大部分是与死亡相关的，这与人们对死亡的恐惧有关系。当生命面对死亡这道门槛时，终于，一切的不公平都消失了。没有人能拒绝死神的惠顾，不论生前有多么显贵，死后都一样是一抔黄土随风去。上至圣人天子，下到贩夫走卒，“死亡之梦”笼罩着社会的各个阶层，很多时候所谓的“死亡之梦”都是心魔作祟。

《晋书·郭禹传》中记载了一个标准的预兆死亡的梦。患病已久的郭禹在临终前曾经梦见自己乘青龙上天，可半截却被屋顶挡住了去路。郭禹清醒后自占说：“屋之为字，尸上至下。龙飞至屋，吾死矣。”他使用解字法将“屋”字拆分成“尸”和“至”两个字，占断此梦为死期将至之兆。果然，不久后郭禹就去世了。

郭禹所做的这个死梦情节并不复杂，古书记载中还有很多离奇诡异的死亡之梦。这些梦中常常有神鬼出没，有的暗藏着因果报应，有的则是好友之间死别前的梦里诀别。

唐元和末年的监察御史薛存诚官场得意、扶摇直上，由台丞升门下省要职，不出一个月又升为副御史。新得的御史府第远离闹市，甚是整洁肃穆。薛存诚搬进府中感到很是心旷神怡。他站在花厅中吟了两句诗：“卷帘疑客到，入户似僧归。”

几个月后，御史府的看门小吏半夜间和衣睡在门房，尚未睡熟时他恍惚看到几十个僧童拿着香花和幡旗，一边念经，一边朝御史府走来。小吏赶忙喝道：“大胆，你们是什么人，敢在御史公署前做法事？”

僧童队伍中有个叫识达的和尚出来回话，他自称是薛存诚的徒弟，说：“我师傅在吗？我们可以进去探望一下，就把他接走吗？”小吏不明所以，看到识达等要硬闯府邸，赶忙招呼人来捉拿和尚。

这时识达又说：“薛中丞原是须弥山东峰静居院的罗汉大

德，只因他一心思凡、违反天条，才被贬到人间五十年，如今年限已满，我等来接师傅回家。”小吏闻听慌了手脚，待要进去禀告时突然惊醒。数天之后，薛存诚就得了急病亡故了，死时竟刚好五十岁。

后魏时的卢元明，字幼章，官至中书侍郎。孝武帝永熙末年，他住在洛东的缑山。一天，他忽然梦见朋友王由带着酒来与他告别，梦中王由一边喝酒，一边赋诗赠予自己。卢元明醒来后只记得诗中的十个字：“自兹一去后，朝市不复游。”

思量许久，卢元明长叹一声道：“王由这个人一向清高而不媚俗，我的梦里他写出这样的诗句，只怕是已经遭遇什么不测了！”果然过了三天，就有人来给卢元明报信，说王由不幸被乱兵杀害了。卢元明推算亡友的死日，发现正好是自己做梦的那天夜里。

唐代进士王恽才华横溢，文辞清丽，尤其擅长咏物。会昌二年的一夜，他的朋友陆休符突然做了一个很奇怪的梦。梦中他与几十个人一同被绳索牵连着押往一处，旁边还有养马驭车的驺从。他惊奇地发现好友王恽竟也在被押送的队列中，一头雾水的陆休符凑上前去想问个究竟。只听王恽哭泣道：“最近接了一个苦差事，谁听了谁厌恶。”他又指指身边的人说，这些人全干一样的差事。

陆休符恍惚间醒来，觉得此梦太过诧异，恐不吉利。当时，陆休符住在太平，王恽住在扬州，不过他的儿子尚在太平。陆休符就赶快到王家询问情况，王恽儿子并没有接到什么消息，还安抚了受惊的陆休符。岂料七天之后王恽的死讯便传来。陆休符暗自算了算日子，发现王恽也刚好死在了自己做梦的那一天。

第三节 进退是非俱是梦
——梦与人生祸福

“镜里恩情，更那堪梦里功名”，功名利禄、旦夕祸福，也仿佛总与梦有扯不清的关系。哪个士人不想出人头地，哪个女子不想遇到好姻缘？然而，人生不如意十之八九。于是，梦中的祸福便成了对人事的一种寄托。

个个公卿欲梦刀——升官发财之梦

唐代元稹在《寄赠薛涛》中写道：“纷纷辞客多停笔，个个公卿欲梦刀。”李商隐的《街西池馆》中也说：“太守三刀梦，将军一箭歌”。那么，“三刀梦”的故事究竟讲述了什么，让这些文人墨客如此魂牵梦萦呢？

晋代有个叫王浚的人，他家里几代大官，自己也学识广博、素有大志。一天夜里，王浚梦见有三把刀悬在自己卧室的房梁上，正在惊诧之时竟然又多了一把刀。王浚顿时从梦中惊醒，他料定这必是大凶之梦，心里很难受。可当有人把他做的这个梦讲给主簿李毅听时，李毅却立马来登门拜贺。

王浚觉得诧异，赶忙问李毅是何道理。李毅说：“三刀为‘州’字，又增加一把，是您将到益州去做大官！”不久后，张弘起事杀了益州刺史皇甫晏，朝廷果然迁王浚为益州刺史。王浚一到益州，就设计了方略，将作乱的张弘等人全数歼灭，他因平乱有功被封关内侯。在益州刺史任上，王浚广施仁政、深得民心，因知州有方而受封大司农。

事实上，这个让人垂涎的三刀梦就是一个升官梦。在中国古代士人眼中，功名无比重要。只有金榜得中、位列人臣，才有可能实现自己的抱负和理想，当官几乎是古代知识分子的唯一选择。于是，关于升官、做官的梦就比比皆是了。

南朝梁代的吉士瞻曾经梦见自己得到了一大堆鹿皮，仔细数数有十一件之多。他醒来后十分高兴，说："这个'鹿'就是指'禄'呀！我大概能做十一个官职吧？"后来，吉士瞻一再升迁，当他做到二郡太守时前前后后已经做了十一种官了。这时，吉士瞻觉得天意已尽，自己应该要死在这一任上。他生了病，死活不肯医治，不久就去世了。

隋唐之间的裴寂是蒲州桑泉人，年轻时英俊潇洒，是隋文帝开皇年间的左亲卫。因为家境贫寒，他无力买马，每次去京城述职都只能步行。有次他经过华岳庙时，向神佛祈祷道："穷困至此，敢修诚谒，神之有灵，鉴其运命若富贵可期，当降吉梦。"结果，这一夜他便梦见一个白头翁对他说："卿年三十后方可得志，终当位极人臣耳。"

后来他做了晋阳宫副监，刚巧此时李渊也在太原，他与李渊是多年好友，便总在一起吃喝玩乐。此时李世民想策动父亲举兵反隋而无从下手，就看中了裴寂。他与裴寂合谋以晋阳宫的宫女私侍李渊，逼得李渊无法，只好起兵。这一年裴寂三十七岁，唐王朝建立后裴寂成了开国宰相，一生受到李渊的赏识和重用。

唐朝武周、中宗时期的女强人上官婉儿的母亲在生她前做了一个梦，梦见有人送了自己一杆大秤。占梦者都说上官夫人将要诞下贵子，以后会执掌国家大权。可惜，生下的上官婉儿竟是个女孩，而此时她的祖父上官仪因反对武后被斩，她与母亲同入内庭为奴。上官夫人便认为此梦不准。

可过了十五年，婉儿长大聪慧善文，深为武则天所喜爱，就提拔她做了女官。从此，上官婉儿掌管宫中制诰近三十年，有“巾帼宰相”之名。唐中宗时她被封昭容，在当时的政坛、文坛都拥有显赫的地位，还曾建议中宗广设学士，当时文人多依附于她，可谓权倾朝野，果然应了占梦者的话。

也许是做官太过重要，不仅士人自己要做升官梦，因梦而得官的例子也不少，韦见素就是这么一个幸运儿。一次，唐玄宗梦见自己从大殿上跌下去，正好一个孝子站在那里，一把把他推了回去。醒来后他问高力士此梦之意，高力士说：“孝子当穿素衣，这大概指的是韦见素吧！”唐玄宗竟很是认可，几天后，吏部侍郎韦见素就如同坐了火箭一般地被提拔成了宰相。

升官发财、功名利禄，官与财某种程度上说比亲兄弟还亲。棺材棺材，最有名的“谐音占梦”就是讲得官得财的。有升官之梦，就少不得有发财之梦。

晋代有个叫刘殷的孝子，七岁死了父亲，他服丧三年，未曾露齿一笑。曾祖母王氏冬天时想吃堇菜，但因为家贫不愿说出。十岁的刘殷知道后大哭，说：“我罪孽深重啊！曾祖母在堂，我却连一点堇菜都无法满足她老人家。”哭着哭着他恍惚听见有人对他说：“不要哭了！”他疑惑着收泪，突然看到了土中长出堇菜，而且采而不减。

过了不久他做了一个梦，梦见有人对他说：“你到西边的篱笆下去找找看，那里有粟米。”刘殷醒来后去找，果然在那个地方挖出了粟米十五钟，神奇的是旁边的土上竟然还留着一行字：“七年粟百石，以赐孝子刘殷。”后来他家单靠吃这些米，就吃了整整七年。

◎ 沈万三和他的聚宝盆

明朝首富沈万三也有一个因梦致富的故事，故事中沈万三的所有财富都源于一场奇梦。据说，沈万三发迹前家里很穷，一夜他突然梦见一百多个穿着青色衣服的人在祈命。第二天一大早他就看见一个渔夫正要刳剥一百多只青蛙，他心有所感，就买下了这些将死的青蛙，将它们放生在自家附近的水池中。

此后，青蛙总是喧鸣达旦，竟吵得沈万三无法入睡。他跑去驱赶青蛙时，看到它们都环绕在一个瓦盆旁边。沈万三觉得很惊奇，就将瓦盆带回了家。结果妻子在盆中洗手时不小心将银饰掉落在盆里。不料，盆里竟迅速生满了银器。沈万三又以金银试之，皆是如此。从此，他就有了取之不尽、用之不竭的财富。

梦笔深藏五色毫——才学之梦

“若夸郭璞五色笔，江淹却是寻常人”，南朝江淹梦笔的故事家喻户晓，这支“五色笔”实在是文人梦寐以求的宝贝。不过“五色笔”固然好，可实在梦不到时，也可以用其他美梦代替。

东晋文学家和思想家罗含梦吞文鸟的故事也流传甚广，据《晋书·文苑传》记载：

罗含，字君章，桂阳耒阳人也。含幼孤，为叔母朱氏所养。少有志向，尝昼卧梦一鸟文彩异常，飞入口中，因起，惊说之。

朱氏曰："鸟有文彩，汝后必有文章。"自此后，藻思日新。

"鸟之文彩"象征文章之文采，文彩异常漂亮的鸟代表了文采飞扬的文章，文鸟入口则有天降奇才之意。此梦其实是罗含想要文采风流心理的一种反应。江淹梦笔，罗含梦鸟，都只是梦见而已。这类梦发展到唐代时，开始流行更加直接的"吞咽形式"。

唐玄宗年间的宰相宋璟以辞赋著名，据说他曾梦见一只大鸟衔了一本书到自己口中，并将它吞了下去，既而展翅高飞。自此以后，宋璟便是"藻思日深"。

中唐思想家、大文豪韩愈也曾梦见有人给了他一卷丹篆，强行要求他吞下去，旁边竟有一人拊掌而笑。一梦惊醒，韩愈觉得自己的胃里仿佛有东西噎住一样。这个梦里的"丹篆"有具体所指，丹篆是由秦汉大小篆演化而来的一种书体，而韩愈是唐代古文运动的发起者，他主张的古文意趣恰恰来自秦汉时代。有趣的是，多年之后当韩愈遇到中唐诗人孟郊时，他发现孟郊竟与当年梦中那个拊掌而笑的人长得一模一样。

◎ 韩愈像

梦不仅可以赐予文人想要的才华，还可以赠予他们创作的灵感。西汉赋家司马相如曾因梦而作《大人赋》，一时传为美谈。南朝刘宋时期的山水诗鼻祖谢灵运流传千古的名句"池塘生春草"传说也是出于梦境。

谢灵运平日里常常和弟弟谢惠连在一处吟诗，一次惠连外出，谢灵运感到有些失落。这夜他竟梦见自己与惠连在生长春草的池塘边相对吟唱，他感到很高兴，就不自觉地吟出了

“池塘生春草，园柳变鸣禽”。谢灵运梦中醒来觉得此乃天赐佳句，就为其补了其他句子，写成一首长诗。后来这一句成为南北朝山水诗中的经典，这场梦也成为诗界美谈。

不过，古人的“才学之梦”并不都像前面讲过的一样风轻云淡、雅致曼妙。还有一类“才梦”听来相当血腥，仿佛要想学有所成，就要“开膛破肚”“剖心换脑”。也许是才华太具吸引力，古人竟争先恐后地做这种惊悚的梦。

于是在梦中，东汉郑玄被人开了腹，唐代尹知章被人凿了心，五代王仁裕让人掏了肠胃来灌水，清代周立五也是换头换腹忙得不亦乐乎。但这些人的梦，相比《聊斋》中朱尔旦的经历来说，就都是小儿科了。

陵阳书生朱尔旦本来并不出众，是个智力平庸之人。一次他参加文社集会，有人开玩笑说，想把十王殿里那个面容狰狞的木雕判官请来一同喝酒。结果，文人们胆小，无人敢去。朱尔旦倒是颇有几分胆色，他走出门去大呼：“我请髯宗师至矣！”岂料不一会儿，那判官竟真的来到朱尔旦面前，与他共饮。

后来，两人便常在一处喝酒，朱尔旦将自己写的文稿拿出来给这判官参详，判官总是摇头说不好。一夜，朱尔旦酒醉入睡，忽然感觉脏腹微痛，他醒来一看，竟发现那判官在给自己做手术，判官对他说：“你不用慌张，我看你的文章不好，就知道你的心窍不开。我刚才到冥间去在千万颗人心中挑选了一颗慧心帮你换上。如今已经换好了，我正整理你的肠胃呢！”果然，手术完毕后，榻上根本没有血迹，朱尔旦也只是感觉腹间有少许麻木而已。

自此以后，朱尔旦文思大进，不久就中了状元，这下可把他平时那些朋友吓坏了。另外，朱尔旦还劳烦判官帮自己的结发妻子换了一颗美人头，虽然因此找来官司，但最终化险为夷，皆大欢喜。

一场愁梦酒醒时——噩运之梦

“祸兮福所倚，福兮祸所伏”，人间的祸福总是相依相伴，梦也不能让福气一家独大。噩梦是几千年来始终热门的焦点话题。无论何时、何地，人们做了噩梦，轻则心神不宁、疑神疑鬼，重则因惊吓成病，甚至可能丢了性命。

三国时谋士许攸就做过一个诡谲的噩梦。他梦见一个黑衣小吏将一张漆案搬到他面前，这漆案上摆着六封文书，那小吏在他面前拜倒说：“大人将要成为北斗府君。明年七月还有一张漆案送来，那上面放着四封文书，是送给主簿陈康的。”许攸惊醒，觉得此梦甚怪，正在思量间，听得家人来报说陈康拜访，更加惊恐不已。他将此梦讲与陈康说，两人都感到十分害怕，过了一会儿，许攸宽解陈康说：“我问过法师，我死后不过是一个土地神罢了。如今咱们能当上北斗府君、主簿，岂不是攀了高枝？”第二年七月，许攸、陈康在同一天死去。

南北朝时期，将军张天锡在凉州驻防时曾梦见一只绿色的狗，异常高大，从南边朝自己扑来，好像要咬他一般，吓得他下床躲起来，结果摔在地上惊醒了。后来前秦皇帝苻坚派大将苟苌攻打凉州，那苟苌正是穿着绿色的锦袍，从南门攻入城中，张天锡城破自尽。

巧合的是，灭掉张天锡的苻坚也做过一个相似的梦。有次他想向南方派军，还没出征就梦见城里长满了蔬菜，而且大地向东南方倾斜。第二天他找人来占梦，占梦师说：“菜多难为酱，酱谐为将；大地东南倾斜，说明天意倾向东南方。陛下，您这一仗难胜呀!”果然,苻坚这南征大败而回。

唐贞观年间,大将侯君集与太子承乾策划谋反,做贼心虚的他总是心神不安。一夜他梦见两个甲士突然将他逮捕,押到一个地方,只见那里有个人戴着高帽,一脸大胡子,吆喝道:“取君集威骨来!”于是几个甲士操起屠刀,对着他的脑袋和右臂砍下,各取了一块骨头。

侯君集梦里惊吓而醒,醒来后还觉得脑袋和右臂生疼。从此开始,他更是心惊胆战,总感到疲惫不堪,最后甚至连弓箭都拉不开了。他感到这必是谋反之事所致,便想去自首。可惜,还没等他下定决心,谋反之事就暴露了,一代将星就此陨落。

“命里有时终须有,命里无时莫强求”,命里如此,梦里也如此。一旦噩梦袭来,想要躲是躲不及的。唐代陇西李捎云的故事就是如此。

李捎云是个不学无术的花花公子,喜好聚众作乐,行为荒唐放荡。一天夜里,他的妻子梦见自己的丈夫连同十几个狐朋狗友、娼妓戏子一起被长绳绑着押走了,这群人个个披头散发、袒胸露乳,丈夫哭着和自己告别。李妻梦中惊醒,与丈夫说了此梦,他们夫妻二人惊恐地发现,他们竟然做了一模一样的两个梦。

两人认为这是凶兆,便开始吃斋念佛,请人来做法念经,三年都没有出事。李捎云觉得此梦定是不准,就又开始像以前一样纵情声色。又过了一年,三月里的一天,他与十几个朋友在曲江的游船上和长安来的歌伎乐人玩乐纵欲,正高兴时游船倾覆,他和他的酒肉朋友都被淹死了。

有时,噩梦是对危机的一种预示,它甚至能帮助做梦者化险为夷。南北朝时期的徐孝嗣曾经住在帅府里,一天他白日里躺在北墙下小憩，梦中见到两个童子，急急忙忙地说要挪动他的床。徐孝嗣梦中吓醒，隐约听到墙壁有动静，赶忙下床跑开。他刚刚跑出了几步，北墙竟塌了下来，正好砸在他刚刚躺过的那张床上。

第四节 古今如梦，何曾梦觉
——奇梦大观

中国古代的梦文化博大精深，各种各样的梦故事更是如过江之鲫一般俯拾皆是，其中还有很多离奇诡异的故事。这里撷取四个情节曲折、精彩绝伦的梦故事，以期能以管窥天，尽量展示梦文化的风采。

梦里走出的门神——唐玄宗梦钟馗

门神钟馗在中国传统文化中是一位名人，如今每到春节，还有不少地方保留着贴门神的习俗。说来有趣，这个名声赫赫的钟馗竟然出自唐玄宗李隆基的一场梦。据说，有一年玄宗从骊山校场回宫，突然得了重病，御医们绞尽脑汁，忙活了一个多月都没搞清楚玄宗到底得了什么病。

一天深夜，玄宗梦见一个牛鼻子小鬼穿着红色衣服，只有一只脚上穿着鞋，另外一只靴子挂在腰间。玄宗看到这个小鬼正要盗走自己心爱的玉笛和杨贵妃的紫香囊，连忙大声喝

◎ 门神钟馗

止。这时竟突然冒出了一只大鬼，这大鬼头戴破帽，身穿蓝袍，腰上束着角带。他一下子扑住小鬼，用手指挖出小鬼的双眼，然后将他撕吞入腹。

玄宗见这个大鬼如此勇猛，忙问他的姓名，大鬼上前奏道："臣是终南进士钟馗，因屡试不第，触殿阶而亡，死后成为鬼王，誓除天下恶鬼妖孽。"玄宗大梦方醒，病体一下子痊愈。于是召来宫廷画师吴道子，令他依自己梦中所见画成《钟馗捉鬼图》，并将这幅画挂在了后宰门上，以镇妖驱邪。从此，钟馗就成了大名鼎鼎的打鬼门神。

一场儿戏一场梦——朱元璋私换状元

明太祖朱元璋洪武十八年时，有一场影响深远的会试。这场考试共取录四百七十二人，其中黄子澄、练子宁等人后来都成了左右政局发展的关键人物。可是，这批响当当的人物当时都没能问鼎状元，摘下洪武十八年状元桂冠的，是当时还名不见经传的丁显。搞笑的是，丁显能一举夺魁完全源于朱元璋的一场梦。

据记载，当时会试成绩第一的是黄子澄，第二名是练子宁，第三名是花纶。黄子澄和练子宁都是国子监生，花纶是浙江的新科解元，这三人都是少年才俊。朱元璋很高兴，马上安排殿试。不过殿试的成绩完全倒了过来，花纶为第一，练子宁次之，黄子澄第三。一般情况下，这就是一科成绩的最终结果了。

不过，凡事都有例外，这次意外出现在了状元的归属上。等到大榜放出的那一天，人们惊奇地发现，本来一榜前三都未入的丁显竟然成了状元，真是让人大跌眼镜。

原来，放榜前一夜，朱元璋梦见“**殿前一铁钜钉掇白丝数缕，悠扬日下**”，其梦恰与丁显之名契合，于是丁显就莫名其妙地当了状元。不过，这个故事还有一种说法，当时黄子澄、练子宁、花纶三人呼声很高，甚至有童谣唱：“黄练花，花练黄。”朱元璋甚是讨厌此语，于是在放榜时有意以年少为名，夺了花纶的状元，降他为探花，将二十八岁的丁显扶了上来，而会试第一的黄子澄最终竟未进三甲。

明朝这类怪事还有不少，同样因奇梦而当上状元的还有嘉靖二十三年的状元秦鸣雷。据说，嘉靖皇帝根本没看考官拟定的名次，仅仅因为自己梦中听到了雷声就将秦鸣雷定成了状元。这种不负责任的行为，倒是和他的老祖宗朱元璋有几分相像。

香消玉殒为这般——黄庭坚的前生

北宋江西诗派的掌门人黄庭坚少年得志，二十二岁时就高中进士，上任黄州知州时只有二十六岁。一天，他在官衙中午睡，梦中他走出官衙，来到一个小乡村，看见一个满头白发的老婆婆，正站在一张香案前，香案上供着一碗芹菜面，口中叨叨着让人来吃面。黄庭坚凑近一看，那碗面热气腾腾的，就不由自主地端起来吃掉了。

一觉醒来，黄庭坚人虽然还好好地待在府衙里，可嘴里竟

◎ 黄庭坚像

留有芹菜的香味。这梦虽然很清晰，但黄庭坚并没有把它当回事。第二天午睡，他又做了一个一模一样的梦。这次他不敢再怠慢，连忙依梦中的路线找到了那位老婆婆的家，叩门进屋，发现这婆婆竟与梦中长得分毫不差。

黄庭坚忙问她吃面之事，婆婆说：“昨天是我女儿的忌日，她生前喜欢吃芹菜面，所以，我每年这个时候都会喊她来吃面。”

黄庭坚闻言觉得诧异，再问：“您女儿死去多久了？”

老婆婆说：“已经二十六年了。”黄庭坚此时更加诧异，他恰恰是前一天过的二十六岁生辰。他细问老婆婆她女儿在世时的情形，老婆婆说：“我女儿在世时很喜欢读书，她平时吃斋念佛，很是孝顺，但始终不肯嫁人，还说来世要做个男儿身，成为文学家。她二十六岁上就死了，死时说自己还会回来的。”

黄庭坚此时已有些明白过来，他对老婆婆说：“您女儿的香闺在哪里，可以带我去看看吗？”老婆婆为黄庭坚指了一间房。

黄庭坚走进这间房，只见房中除了卧床、桌椅外，还有一个大柜子。他便问这柜子里面是什么，老婆婆说：“全是我女儿生前读过的书。”黄庭坚想要打开柜子，老婆婆说：“自从我女儿死后，这个柜子的钥匙就不见了，一直没有办法打开它。”

黄庭坚听罢，心思一动，竟说出了钥匙的位置，他打开书柜，发现其中有很多书稿。仔细一读才发现自己每次考试所写的文章竟全在里面，而且一字不差！

黄庭坚顿时明白他已回到了前生的家，这老婆婆就是他前生的母亲。于是，他跪倒在地，口称母亲，说明自己就是她女儿的转世。他将这位已经没有亲人的老婆婆接回自己的府衙，为她养老送终。

画中两僧求相会——陆坚因画病愈

唐代文学家刘长卿曾经写过《张僧繇画僧记》一文，这篇文章非常传奇，讲的也是一个与梦有关的故事。

话说当年南朝梁代的直阁将军张僧繇曾画过一幅《天竺僧侣图》，图上原有两个僧人。后来天下大乱，江南这片风水宝地也没能幸免。张僧繇这幅画经历多年离乱，破损为二，两僧一人一边，其中一半画为唐代右常侍陆坚所得。

陆坚有一次病得快要死了，他昏睡中梦见自己这一半画上的那个天竺僧人对自己说："我有同伴一人，分离已百年有余，他现在洛阳城东李君家，为李君所收藏，世上的人都不知道。你若能把两半画合在一起，让我们两人见面，我当以法力助你，使你病好无忧。"

◎ 张僧繇《天竺僧侣图》

陆坚醒来之后，依照梦中僧人的指引找到了李君，从他那里以俸钱十万买得了另一半画。当陆坚将两半画拼合在一起时，两僧终于在离散百年之后重逢，合画之日陆坚离奇病愈。可惜，后来李君之僧再次散失，而陆坚那一半画为刘长卿所得。刘长卿写僧人托梦是因张僧繇“造思之妙，通于神扺”所致。

中国古代的梦文化与其他文化形式交融混杂，由此创作出的精神财富数之不尽，本书只能撷取其中很小的一部分。梦这一文化形态对中国文化史产生过深远的影响，如今再回首，依旧可以在历史的长河中轻而易举地找到梦的轨迹。时至今日，梦对人类文化的作用也从来没有停止过，相信在未来我们仍然可以领略到梦的无限风采。

参考书目

1. 杨伯峻著:《春秋左传注》(修订本),中华书局,2005 年。
2. 杨伯峻撰:《列子集释》,中华书局,1979 年。
3. (明)陈士元纂:《梦占逸旨》,中华书局,1985 年。
4. 路英著:《中国梦文化》,中国三峡出版社,2005 年。
5. 罗建平著:《夜的眼睛:中国梦文化象征》,四川人民出版社,2005 年。
6. 刘文英著:《梦与中国文化》,人民出版社,2003 年。
7. 申洁玲著:《梦文化》,中国经济出版社,1995 年。
8. 傅正谷著:《中国梦文化辞典》,山西高校联合出版社,1993 年。
9. (瑞士)弗洛伊德著:《弗洛伊德文集 2 · 释梦》,长春出版社,2010 年。
10. (瑞士)荣格著:《荣格自传:梦 · 记忆 · 思想》,国际文化出版公司,2011 年。